■ 自然保护系列丛书

北京喇叭沟门自然保护区
综合科学考察报告

崔国发　邢韶华　主编

中国林业出版社

图书在版编目（CIP）数据

北京喇叭沟门自然保护区综合科学考察报告/崔国发，邢韶华主编.
—北京：中国林业出版社，2009. 4
（自然保护系列丛书）

ISBN 978-7-5038-5570-2

Ⅰ. 北… Ⅱ. ①崔…②邢… Ⅲ. 自然保护区-科学考察-考察报告-北京市
Ⅳ. S759. 992. 1

中国版本图书馆 CIP 数据核字（2009）第 040947 号

出　版：中国林业出版社（100009　北京西城区德内大街刘海胡同 7 号）
网　址：www. cfph. com. cn
E-mail：cfphz@ public. bta. net. cn　　**电话**：（010）83224477
发　行：新华书店北京发行所
印　刷：北京中科印刷有限公司
版　次：2009 年 4 月第 1 版
印　次：2009 年 4 月第 1 次
开　本：787mm × 1092mm　1/16
印　张：9. 75
彩　插：16P
字　数：240 千字
印　数：1 ~ 2500 册
定　价：40. 00 元

《北京喇叭沟门自然保护区综合科学考察报告》编写小组

主　编： 崔国发　邢韶华

副主编： 李俊清　彭明生　王建国

其他参编人员：

成克武　路端正　赵　勃　王建中
王清春　鲍伟东　武三安　李　飞
李晓京　林大影　彭光强　彭明本
边振泉　彭兴合　夏树楠　庞国生
李　铮　袁　峰　袁　秀

前言

生物多样性是人类的自然财富。正是由于地球上丰富多样的生物种群的存在，才有我们人类稳定的生存环境。随着人类对自然界的干扰日益频繁，干扰强度不断增加，生态环境日趋恶化，全球的生物多样性正在大量流失。保护生物多样性成为了当前国际社会备受关注的问题。实践证明，通过建立自然保护区，可以有效地保护生物多样性，保护典型的生态系统，保护珍稀濒危物种栖息地和遗传种质资源库。随着2001年“全国野生动植物保护及自然保护区建设工程”的全面启动，我国自然保护区建设事业进入了第五个发展阶段，即科学规划建设与经营管理阶段。而对自然保护区的野生动植物等资源开展综合科学考察是科学规划建设的基础工作和主要依据，是实现有效管理和集约化经营的前提和保证。

喇叭沟门自然保护区位于北京市的最北部，燕山山脉的西部，森林覆盖率为63.14%，植被覆盖率达84.1%。现保存有大面积的天然蒙古栎林、核桃楸林、油松林、山杨林和白桦林，是北京地区森林生态系统类型较齐全、原生性森林保存较好、面积较大的区域；同时，这里也是北京地区生物多样性最为丰富的地区之一，保存有多种国家重点保护的或是珍稀濒危的野生动植物物种。该区的地质地貌、气候、土壤、植物和动物区系在燕山山脉具有代表性，也是北京市生物多样性保护的关键地区。喇叭沟门自然保护区的建立对保护北京密云水库上游的水源涵养林、燕山山地典型的森林生态系统和北京地区珍稀濒危的野生动植物以及促进区域的可持续发展都具有十分重要的作用。

北京市科学技术委员会1998年确定委托中国生物多样性保护基金会开展“怀柔县喇叭沟门林区生物多样性保护与可持续利用研究”项目。在中国生物多样性保护基金会季延寿常务副理事长的组织下，以北京林业大学为主的在京八家单位的20多名科技人员参加了此项研究，他们是金鉴明（原国家环保总局副局长、中国工程院院士）、王礼嫱（原国家环保总局高工）、王献溥（中国科学院植物研究所研究员）、于志民（原北京市林业局副局长、高工）、曾晓光（北京市农场局高工）和北京林业大学的崔国发教授、李俊清教授、王建中教授、路端正副教授、牛树奎副教授、鲍伟东副教授等。对该区森林植被和物种多样性现状进行了为期一年的全面普查，在此基础上评价了植物的濒危状况以及林区的生态和经济价值，论证了建立自然保护区的意义和作用。

1999年3月通过北京市科学技术协会向北京市人民政府提交了“建立北京市喇叭沟门市级自然保护区的建议”。原北京市林业局、北京市环保局和北京市规划局的有关负责同志联合到喇叭沟门乡进行了现场考察和审核，1999年12月13日北京市政府正式批准建立北京市喇叭沟门市级自然保护区。

2004~2006年北京林业大学自然保护区学院在原有调查的基础上，对该自然保护区内的自然植被、野生动植物资源、社会经济现状以及自然保护区的管理现状进行了综合的科学考察，在北京林业大学的师生、喇叭沟门乡领导和自然保护区管理处技术人员的密切配合下，完成了自然保护区综合科学考察报告的编写工作，以期该考察报告的正式出版能进一步促进喇叭沟门自然保护区的科学规划和可持续经营管理。

书中若有错误之处，欢迎读者批评指正。

编写组

2009年1月

目　录

第 1 章

自然环境概况

1.1 自然地理概况

1.1.1 地理位置

北京喇叭沟门自然保护区地处北京市的最北部山区，属怀柔区管辖，地理坐标为北纬40°42′~41°04′，东经116°17′~116°42′；其西北、北部和东部分别与河北省的丰宁县、滦平县接壤，保护区总面积为18 482.5hm^2，自然保护区管理处，即乡政府所在地，南距怀柔城区64.5km（详见附图1 北京喇叭沟门自然保护区地理位置图）。

1.1.2 地质地貌

喇叭沟门乡地处燕山山脉。在地质构造上，除东南一小部分为太古代片麻岩外，山体多为中生代和新生代燕山运动时期侵入的花岗岩。地势自西北向东南倾斜；从东南部海拔430m的谷地和700m左右的山脊；向西部、北部和西北部逐渐上升到海拔1 000m的谷地和1 200~1 400m的山脊；海拔800m以上的山地占全区总土地面积的44%。山谷和河谷大部分呈西北—东南走向，谷地开阔，两侧山地相对高度为200~400m。海拔1 000m以上的山峰数十座；南猴顶海拔为1 697m，是怀柔区的最高峰；乡政府所在地喇叭沟门村海拔为470m。

1.1.3 水文

发源于河北省丰宁县邓家栅子的汤河纵贯喇叭沟门自然保护区，向东南至汤河口镇流入白河，白河再注入密云水库。汤河是白河的主要支流。喇叭沟门自然保护区内分布的6条长达数十千米的大沟，扇状分布于汤河两侧，将自然保护区内的全部地表径流汇集于汤河，成为汤河的主要集水区。自然保护区多年平均径流量0.3亿m^3；几条主要沟谷中有多处泉眼，终年流水；在帽山村塘泉沟有温泉一眼，水流常年不断，保持恒温29℃，可作为旅游资源开发。

1.1.4 土壤

喇叭沟门乡总土地面积 30 197.6hm^2，其中农业耕地面积 839hm^2，林业用地面积约 20 000hm^2，林业用地中包括 17 400 万 hm^2 有林地，其他为宜林荒山荒坡。

土壤以棕壤和褐土为主。棕壤面积 14 336hm^2，主要分布在海拔 800m 以上山地森林中，土壤湿润、有机质含量高；褐土面积 14 676hm^2，主要分布在海拔 800m 以下的地区，其部分地段由于自然植被受破坏，形成灌木林和荒山、荒坡，水土流失严重，土壤贫瘠，较为干旱，有林分地段则相对较好。

自然保护区内森林面积为 11 666.5hm^2，区内土壤以棕壤为主，棕壤土面积为 10 771.3hm^2，占保护区面积的 58.29%。

1.1.5 气候

喇叭沟门自然保护区位于暖温带半湿润季风气候区，处于华北山地与内蒙古草原交界处，属于两个气候带的过渡地区；南北走向的汤河河谷是内蒙古冷空气南下的通道，形成了独特的小气候。该区年平均气温为 7 ~ 9℃，最冷月（1 月）平均气温 -8 ~ 12℃，7 月平均气温 19 ~ 24℃；≥0℃积温为 2 800 ~ 3 900℃；年降水量为 500mm 左右；无霜期为 120 ~ 140 天。由于该区海拔相对较高，并且森林覆盖率较高，夏季平均气温较北京市区低 2 ~ 5℃，昼夜温差较大。

1.2 自然资源概况

1.2.1 植被概况

喇叭沟门自然保护区的地带性植被是温带落叶阔叶林。由于长期的人为破坏，茂密的地带性原始森林几乎消耗殆尽。现存植被主要是原始森林破坏后更新起来的大面积的次生林，并残存少量原生性森林，森林覆盖率为 63.14%。植被类型多样，主要有蒙古栎 *Quercus mongolica* 林、核桃楸 *Juglans mandshurica* 林、山杨 *Populus davidiana* 林、白桦 *Bebula platyphylla* 林、油松 *Pinus tabulaeformis* 林、三裂绣线菊 *Spiraea trilobata* 灌丛、荆条 *Vitex negundo* var. *heterophylla* 灌丛、平榛 *Corylus heterophylla* 和毛榛 *Corylus mandshurica* 灌丛等。

1.2.2 野生动植物概况

喇叭沟门自然保护区现记录的维管束植物共 619 种 47 变种、变型（不含农作物）。分属于 102 科 367 属。其中蕨类植物 13 科 20 属 35 种 3 变种；裸子植物 2 科 6 属 6 种；双子叶植物 76 科 276 属 465 种 35 变种、变型；单子叶植物 11 科 65 属 113 种 9 变种。包括珍贵的刺五加 *Acanthopanax senticosus*、北五味子 *Schisandra chinensis*、黄精 *Polygonatum sibiricum*、党参 *Codonopsis pilosula* 等药用植物；野生花卉多姿多彩，有北京丁香 *Syringa pekinensis*、映山红 *Rhododendron mucronulatum*、金花忍冬 *Lonicera chrysantha*、柳兰 *Chamaenerion angustifolium*、草芍药 *Paeonia obovata* 等。

在保护区内有兽类动物30种，隶属于6目15科。大型动物主要有野猪 *Sus scrofa*、狍 *Capreolus capreolus* 和斑羚 *Naemorhedus goral* 等。在远离村庄的森林深处，到处都能看到野猪活动的踪迹。斑羚是国家重点保护动物；貉 *Nyctereutes procyonoides*、豹猫 *Felis bengalensis*、野猪是北京市重点保护动物，受到北京市保护的动物还有黄鼬 *Mustela sibirica*、猪獾 *Arctonyx collaris*、狍 *Capreolus capreolus*、刺猬 *Erinaceus europaeus* 等。鸟类有106种，隶属于14目31科。其中黑鹳 *Ciconia nigra* 属于国家Ⅰ级重点保护野生动物，勺鸡 *Pucrasia macrolopha*、苍鹰 *Accipiter gentilis*、普通鵟 *Buteo buteo*、红隼 *Falco tinnunculus*、灰鹤 *Grus grus* 属于国家Ⅱ级重点保护野生动物；普通秋沙鸭 *Mergus merganser*、环颈雉 *Phasianus colchicus*、石鸡 *Alectoris chukar*、岩鸽 *Columba rupestris*、戴胜 *Upupa epops*、黄眉柳莺 *Phylloscopus inornatus*、灰伯劳 *Lanius excubitor*、大山雀 *Parus major*、凤头百灵 *Galerida cristata*、灰喜鹊 *Cyanopica cyana*、大斑啄木鸟 *Picoides major*、四声杜鹃 *Cuculus micropterus*、大杜鹃 *Cuculus canorus* 为北京市保护动物。在林中经常能看到环颈雉等鸟类飞舞的身影。爬行类主要有白条锦蛇 *Elaphe dione*、虎斑游蛇 *Rhabdophis tigrina*、王锦蛇 *Elaphe carinata*、乌梢蛇 *Zaocys dhumnades*。两栖类的中国林蛙 *Rana chensinensis* 是北京市保护动物。

喇叭沟门自然保护区昆虫区系属古北区的中国东北亚区。经鉴定和整理的主要昆虫有397种，隶属于13目99科，主要集中于鳞翅目 Lepidoptera、鞘翅目 Coleoptera、双翅目 Diptera、半翅目 Hemiptera、膜翅目 Hymenoptera 和直翅目 Orthoptera。本区昆虫多为森林昆虫，农业昆虫较少。这里森林植被类型多样，生态环境复杂，为昆虫的繁衍和生存提供了理想场所。

大型的真菌资源是该保护区的又一笔宝贵的自然财富，在保护区内有大型真菌27科127种，其中可食用真菌有78种，有毒真菌29种，一些大型真菌具有食用价值的同时，还具有很好的观赏价值。

1.2.3 旅游资源概况

自然保护区内还具有丰富的旅游资源，这里远离喧闹的城市，富有山林的宁静。空气清新，山峰险峻，有百丈崖、南猴顶、五龙潭、龙庙沟等多处旅游景点，通往河北丰宁的111国道从喇叭沟门自然保护区管理处所在地经过，南北纵贯该保护区。这里景色优美、交通方便，是北京市民休闲度假的好去处。

第2章

植被与植物资源

2.1 植物区系分析

2.1.1 植物区系的基本组成

喇叭沟门自然保护区现记录的维管束植物共619种47变种、变型（不含农作物）。分属于102科367属。其中蕨类植物13科20属35种3变种；裸子植物2科6属6种；双子叶植物76科276属465种35变种、变型；单子叶植物11科65属113种9变种、变型。野生植物的植物的科、属、种分别占北京市的58.8%、53.2%、40.6%，如表2-1（详细植物名录见附录1：北京喇叭沟门自然保护区野生植物名录）。

表2-1 植物分类群统计与比较

Table 2-1 Statistics and comparison on the classified plant communities

类别		喇叭沟门						北京市					
		科		属		种		科		属		种	
		野生	栽培	野生	栽培	野生	栽培	野生	栽培	野生	栽培	野生	栽培
蕨类植物		13	0	20	0	38	0	19	1	29	3	77	3
种子植物	裸子植物	1	1	1	5	1	5	5	4	8	9	30	9
	双子叶植物	75	1	266	10	467	33	97	19	484	180	1099	486
	单子叶植物	11	0	65	0	119	3	19	6	143	62	312	121
	小　计	100	2	352	15	625	41	140	30	664	254	1518	619
合　计		**102**		**367**		**666**		**170**		**918**		**2137**	
百分比（%）		**60.0**		**39.98**		**31.16**		**100**		**100**		**100**	

从表2-1中可以看出，喇叭沟门自然保护区面积不足北京市的2%，而维管束植物的科、属、种数占了北京市相应分类单位数目的60.0%、39.98%和31.16%。在喇叭沟门自然保护区有1属，即禾本科甜茅属 *Glyceria*，2种，即假鼠妇草 *Glyceria leptole-*

pis 和兴安益母草 *Leomurus tataricus*；2 变种，即粗齿蒙古栎 *Quercus mongolica* var. *grosserrata* 和齿叶紫沙参 *Adenophora paniculata* var. *dentata* 为北京新记录植物。另有些植物在北京市仅分布于该区，如华忽布 *Humulus lupulus* var. *cordifolius*、星毛芥 *Bertero-ells maximowiczii*、北萱草 *Hemerocallis esculenta* 等。所有这些都说明喇叭沟门自然保护区植物区系在北京植物区系中具有一定的重要性和独特性。

2.1.2 植物区系的特征

2.1.2.1 区系的分类群特征

（1）科属的统计比较

在喇叭沟门自然保护区维管束植物中，含 10 种以上的科有 17 个，不足本区植物科数的 17%，但所含的属数却占本区的 57.5%，种的数目高达 63%，含 5 种以下的少种科数目多达 43 个，区域性的单种科也达 30 多个之多，二者的比例高达 72%，而种数却只占 24.3%（表 2-2）。

表 2-2 科的统计与比较

Table 2-2 Statistics and comparison on the families of vascular plants

类　别	科数	占总数%	属数	占总数%	种数	占总数%
含 15 种以上	10	9.80	176	47.96	332	49.85
10～14 种	7	6.86	35	9.54	82	12.31
6～9 种	12	11.77	46	12.53	83	12.46
2～5 种	43	42.16	80	21.80	136	20.42
区域性单种科	30	29.41	30	8.17	33	4.96
合　计	**102**	**100**	**367**	**100**	**666**	**100**

从属的统计分析来看，本区含 10 种以上的属只有 5 属，含 55 种，分别占属、种数目的 1.3% 和 8.3%；区域性单种属却多达 237 个，分别占属、种的 6.3%、35.5%（表 2-3）。

表 2-3 属的统计与比较

Table 2-3 Statistics and comparison on the genera of vascular plants

类　别	属数	占总数%	种数	占总数%
10 种以上	5	1.3	55	8.3
5～9 种	16	4.4	90	13.7
2～4 种	112	30.5	284	42.5
区域性单种属	234	63.8	237	35.5
合　计	**367**	**100**	**666**	**100**

从种的科、属分布统计可以看出，本区维管束植物一方面集中于菊科 Compositae、禾本科 Gramineae、蔷薇科 Rosaceae、豆科 Leguminosae 等一些世界性大科之中，同时又向 70% 以上的寡种科、单种科分散，属的分析结果也基本如此。反映出本区维管束植

物分类群特征小科和单科较多，而大科较少的特点。其原因在于有的科、属种数分布不大，所含的种数不多，或经过冰川作用后，冰后期残留的属数量不多，以及冰后期新衍生的种不多，而另一些虽是含多种的属，但在本区则为这些属分布的边缘地区，因而分布的数量较少。

（2）优势科、属的分析与比较

本区维管束植物中，含种数最多的前 10 个优势科与北京市前 10 个优势科接近，排序为 1，2，3，10 的科相同，即菊科、禾本科、毛茛科 Ranunculaceae、十字花科 Cruciferae，北京市石竹科 Caryophyllaceae 排列第 9，本区石竹科未进前 10 名，而在序号 9 的位置上为伞形科 Umbelliferae，其他科均一样，但序号略有变动（表 2－4）；从优势属的分析与比较（表 2－5）可知，前 5 名本区与北京市相同，仅排列顺序有些差异，所有这些反映了喇叭沟门自然保护区与北京市的维管束植物分类群结构基本上是一致的。

表 2－4　优势科的分析与比较

Table 2－4　Statistics and comparison on the dominant families of vascular plants

序号	喇叭沟门			北京市		
	科名	属	种	科名	属	种
1	菊科 Compositae	45	81	菊科 Compositae	80	160
2	禾本科 Gramineae	33	56	禾本科 Gramineae	76	119
3	蔷薇科 Rosaceae	19	37	豆科 Leguminosae	30	80
4	豆科 Leguminosae	15	33	蔷薇科 Rosaceae	22	76
5	百合科 Liliaceae	11	28	莎草科 Cyperaceae	11	66
6	唇形科 Labiatae	15	25	百合科 Liliaceae	25	62
7	毛茛科 Ranunculaceae	12	23	毛茛科 Ranunculaceae	14	59
8	莎草科 Cyperaceae	5	19	唇形科 Labiatae	23	48
9	伞形科 Umbelliferae	11	15	石竹科 Caryophyllaceae	15	43
10	十字花科 Cruciferae	10	15	十字花科 Cruciferae	15	40

表 2－5　优势属的分析与比较

Table 2－5　Statistics and comparison on the dominant genera of vascular plants

序号	喇叭沟门			北京市		
	属名	种数	占总种数%	属 名	种 数	占总种数%
1	蒿属 *Artemisia*	15	2.6	苔草属 *Carex*	36	2.4
2	苔草属 *Carex*	10	1.6	蒿属 *Artemisia*	24	1.6
3	蓼属 *Polygonum*	10	1.7	蓼属 *Polygonum*	22	1.4
4	堇菜属 *Viola*	10	1.7	委陵菜属 *Potentilla*	21	1.4
5	委陵菜属 *Potentilla*	10	1.7	堇菜属 *Viola*	14	9.2
6	葱属 *Allium*	8	1.4	风毛菊属 *Saussurea*	13	8.6
7	胡枝子属 *Lespedeza*	8	1.4	早熟禾属 *Poa*	13	8.6
8	杨属 *Populus*	6	1.0	鹅绒藤属 *Cynanchum*	13	8.6

（续）

序号	喇叭沟门			北京市		
	属名	种数	占总种数%	属名	种数	占总种数%
9	柳属 *Salix*	6	1.0	铁线莲属 *Clematis*	12	7.9
10	沙参属 *Adenophora*	6	1.0	黄耆属 *Astragalus*	12	7.9
11	鼠李属 *Rhamnus*	6	1.0			

（3）植物生活型分析

在喇叭沟门自然保护区野生维管束植物中，木本植物总计只有142种，占野生维管束植物总种数的21.32%，而草本植物多达524种，占78.68%（表2-6）。这种组成与该区所处的气候及环境条件有关，即较高的海拔和处于暖温带向温带过渡的区域。植物生活型谱反映了本区这一气候带的特点。

表2-6 喇叭沟门自然保护区植物生活型统计表

Table 2-6 Statistics on living types of the vascular plants in Labagoumen Nature Reserve

生活型	种数	种数的%
乔木	67	10.06
灌木	67	10.06
木质藤本	8	1.20
草本	524	78.68
合计	666	100

2.1.2.2 区系的分布区特征

（1）蕨类植物分布区类型与分析

在喇叭沟门自然保护区的20属蕨类植物中，世界广布类型的有卷柏属 *Selaginella*、蕨属 *Pteridium*、蹄盖蕨属 *Athyriun*、铁角蕨属 *Asplenium*、耳蕨属 *Polystichum*。以热带及亚热带为中心的分布属有4属：粉背蕨属 *Aleuritopteris*、金毛裸蕨属 *Gymnopteris*、短肠蕨属 *Allantodia*、石韦属 *Pyrrosia*。以温带为中心的有9属，占总属数的45%，其中以北温带为中心的有小阴地蕨属 *Botrychium*、沼泽蕨属 *Thelypteris*、球子蕨属 *Onoclea*、荚果蕨属 *Matteuccia* 和鳞毛蕨属 *Dryopteris*；虽以温带为分布中心，但也延伸到寒带的有问荆属 *Equisetum*、冷蕨属 *Cystopteris*、岩蕨属 *Woodsia*；可以延伸到亚热带的是羽节蕨属 *Gymnocarpium*。主产我国的有2属：蛾眉蕨属 *Lunathyrium* 和过山蕨属 *Camptosorus*（表2-7）。

表2-7 喇叭沟门自然保护区蕨类植物分布区分析

Table 2-7 The areal-types of the genera of fern in Labagoumen Nature Reserve

分布区类型	属数	所占百分比（%）
世界分布	5	25
热带及亚热带分布	4	20
温带分布	9	45
以中国为中心分布	2	10
合计	20	100

（2）种子植物分布区类型与分析

喇叭沟门自然保护区种子植物分布区类型占有全国全部15个分布区类型，与北京市的情况完全一致，这反映了该区植物类型的丰富多样，区系的形成与起源较为复杂。温带成分的属多达210个，在本区占有绝对优势，其中北温带分布的属132个，占总属数的38.04%，这与区系地理位置是一致的。热带成分的属共51个，其中泛热带分布的属31个，占总属的8.93%，这反映了该区系形成过程中与热带区系的历史渊源。这些属均为仅含1~3种的少种属，有些是热带成分向北的延伸，有些则是第三纪的残遗植物，如臭椿属 *Ailanthus*、一叶荻属 *Securinega* 等。该区地处暖温带北缘山地，气候条件制约了热带成分在该区的分布。东亚成分在本区有23属，占总属数的6.63%，在本区包含了29种，是与该区联系较紧密的成分之一。地中海成分与中亚成分仅各占5属，与本区的联系明显较为薄弱。各分布区类型分布如表2-8。

表2-8 种子植物属的分布区类型

Table 2-8 The areal-types of the genera of seed plants in Labagoumen Nature Reserve

序号	分布区类型	喇叭沟门		北京市	
		属数	%	属数	%
1	世界分布	50	不计算	80	不计算
2	泛热带分布	31	8.93	73	11.50
3	热带亚洲和热带美洲间断分布	4	1.15	8	1.26
4	旧世界热带分布	4	1.15	17	2.68
5	热带亚洲至热带大洋洲分布	3	0.86	7	1.10
6	热带亚洲至热带非洲分布	7	2.02	14	2.20
7	热带亚洲分布	2	0.58	5	0.79
8	北温带分布	132	38.04	190	29.90
9	东亚和北美洲间断分布	17	4.90	45	7.09
10	旧世界温带分布	46	13.26	78	12.28
11	温带亚洲分布	15	4.32	27	4.25
12	地中海区、西亚至中亚分布	5	1.44	20	3.15
13	中亚分布	5	1.44	8	1.26
14	东亚分布	23	6.63	43	6.77
15	中国特有分布	3	0.86	12	1.89
	其他	0	0	12	1.89
	合 计	**347**		**635**	

①世界分布：共计50属，木本植物仅有槐属 *Sophora*、鼠李属 *Rhamnus*，木本和草本兼有的包括铁线莲属 *Clematis*、悬钩子属 *Rubus* 和茄属 *Salanum*。其余均为草本植物，如苔草属 *Carex*，水苏属 *Stachys*、芦苇属 *Phragmites*、苋属 *Xanthium*、龙胆属 *Gentiana*、远志属 *Polygala*、早熟禾属 *Poa* 等。

②泛热带分布：共计31属，占总属8.93%，木本植物中有朴属 *Celtis*、一叶荻属 *Securinega*、南蛇藤属 *Celastrus*、枣属 *Ziziphus*、牡荆属 *Vitex* 等。草本植物有冷水花属

Pilea、马齿苋属 *Portulaca*、铁苋菜属 *Acalypha*、曼陀罗属 *Datura*、鸭跖草属 *Commelina* 等。多为单种属或少种属，除牡荆属中的荆条 *V. negondo* var. *heterophylla* 和枣属中的酸枣 *Z. jujuba* var. *spinosa* 是构成某些群落的建群种外，其余植物在本区植物群落中所起的作用不大。

③热带亚洲和热带美洲间断分布：共4属，为紫茉莉属 *Mirabilis*、大丽花属 *Dahlia*、秋英属 *Cosmos*、月见草属 *Venothera*，均为栽培花卉植物。

④旧世界热带分布：共4属，均为草本：天门冬属 *Asparagus*、狗哇花属 *Heteropappus*、百蕊草属 *Thesium*、香茶菜属 *Rabdosia*。

⑤热带亚洲至热带大洋洲分布：仅3属：木本有臭椿属 *Ailanthus*、雀儿舌头属 *Leptopus*，草本有牛耳草属 *Boea*。

⑥热带亚洲至热带非洲分布：共7属，占总属数2.02%，均为草本植物：蝎子草属 *Girardinia*、大豆属 *Glycine*、赤瓟属 *Thladiantha*、草沙蚕属 *Tripogon*、荩草属 *Arthraxon*、芒属 *Miscanthus* 和菅草属 *Themeda*。

⑦热带亚洲分布：仅2属，为苦荬菜属 *Ixeris* 和薏苡属 *Coix*，均为草本，后者为栽培经济植物。

⑧北温带分布：共计132属，占总属数的38.04%，是构成该地区各种群落的主体，这说明本区植物区系与其所在的地理位置和气候相吻合。一些典型的北温带分布的科如菊科 Compositae、禾本科 Gramineae、蔷薇科 Rosaceae 等在本分布区中占有显著地位。木本植物中的落叶松属 *Larix* 和松属 *Pinus* 是构成针叶林群落的建群种，桦木属 *Betula*、杨属 *Populus* 和栎属 *Quercus* 等地带性植物是构成落叶阔叶林群落的主体。林下常伴生的榛属 *Corylus*、杜鹃花属 *Rhododendron*、绣线菊属 *Spiraea*、忍冬属 *Lonicera* 等灌木及乌头属 *Aconitum*、唐松草属 *Thalictrum*、地榆属 *Sanguisorba*、风毛菊属 *Saussurea*、铃兰属 *Convallaria*、黄精属 *Polygonatum* 等草本植物，均为典型的北温带成分。

⑨东亚和北美洲间断分布：共17属，占总属的4.9%，木本植物有8属，如刺槐属 *Robinia*、胡枝子属 *Lespedeza*、绣球属 *Hydrangea*、蛇葡萄属 *Ampelipsis* 等。草本有红升麻属 *Astilbe*、两型豆属 *Amphicarpaea*、大丁草属 *Leibnitzia* 等。

⑩旧世界温带分布：共计46属，占总属数的13.26%，是第二大区系成分（世界分布除外）。木本植物仅有4属：沙棘属 *Hippophae*、梨属 *Pyrus*、丁香属 *Syringa* 和百里香属 *Thymus*。草本植物占优势，常见的有石竹属 *Dianthus*、蓝刺头属 *Echinops*、盘果菊属 *Prenanthex*、益母草属 *Leonurus*，隐子草属 *Cleistogenes*，芨芨草属 *Achnatherum* 等。

⑪温带亚洲分布：共15属，占总属数的4.32%，木本植物仅有杏属 *Armeniaca* 和锦鸡儿属 *Caragana*，其余均为草本，如瓦松属 *Orostachys*、草瑞香属 *Diarthron*、大油芒属 *Spodiopogon*、防风属 *Saposhnikovia* 等。

⑫地中海区、西亚至中亚分布：仅5属，均为草本：糖芥属 *Erysimum*、牻牛儿苗属 *Erodium*、疗齿草属 *Odontites*、铁苋菜属 *Acalypha* 及聚合草属 *Symphytum*。

⑬中亚分布：有5属，均为草本：迷果芹属 *Sphallerocarpus*、花旗竿属 *Dontostemon*、扁蓿豆属 *Melissitus*、角蒿属 *Incarvillea* 和大麻属 *Cannabis*。

⑭东亚分布：共23属，占总属数的6.63%，木本植物有侧柏属 *Platycladus*、五加属 *Acanthopanax*、溲疏属 *Deutzia* 等，草本常见的有苍耳属 *Xanthium*、油点草属 *Tricytis*、

败酱属 *Patrinia*、桔梗属 *Platycodon*、兔儿伞属 *Syneilesis* 等，在本区植物区系中占有重要地位。

⑮中国特有分布：仅 3 属，木本的为虎榛子属 *Ostryopsis* 和蚂蚱腿子属 *Myripnois*，草本为星毛芥属 *Berteroella*。

2.2 植被分类与概述

2.2.1 植被演化历史

喇叭沟门自然保护区处于燕山山地的西南段。在古生代的早期，这里曾是一片海洋，至中奥陶纪的末期，才上升为陆地。燕山形成于中生代晚期开始的“燕山运动”（王荷生，1996）。在老第三纪时期，燕山的森林是亚热带森林，属于东北—华北暖温带—北亚热带常绿、落叶阔叶林—针叶林区；到新第三纪，森林演化为东北—华北温带—暖温带落叶阔叶林；至上新世早期，山地的上部有云杉 *Picea asperata*、冷杉 *Abies faberi* 林，山地的中部是松林，低山是针阔叶混交林。至第四纪的间冰期，山地海拔 1 500m 以上地段生长着冷杉、云杉组成的针叶林，部分石灰岩上生长着油松 *Pinus tabulaeformis* 和侧柏 *Platycladus orientalis* 组成的疏林；在海拔 1 000m 以下的山坡上，分布着茂密的阔叶林，上部是桦属 *Betula* 和栎属 *Quercus* 的树种，下部生长着栎 *Quercus* spp.、柳 *Salix* spp.、栗 *Castanea mollissima*、朴 *Celtis* spp.、榆 *Ulmus* spp.、椴 *Tilia* spp.、桤 *Alnus*、白蜡 *Fraxinus* spp. 等树种组成的杂木林（吴征镒，1979；徐化成、郑均宝，1994）。在间冰期末期，山地森林演化为针阔叶混交林，冷杉属消失，增加了千金榆 *Carpinus cordata*，桦属林木增加。末次冰期（距今 10 800 ~ 11 500 年）结束后，森林类型一直为针阔叶混交林。海拔 1 500m 以上有云杉林，并分布着山杨、白桦、蒙古栎林；1 500m 以下为松栎林，以蒙古栎和油松为主，沟谷和缓坡生长着核桃楸林（吴征镒，1980）。

森林是哺育人类祖先的摇篮。但随着人口数量的增加和农业的发展，森林遭到越来越严重的破坏。燕山曾是农牧地区的分界线，历史上曾经是浩瀚的林海。战国时期各诸侯国修筑城墙和秦始皇统一中国后修筑长城，使燕山的原始森林第一次受到人为的较大规模的破坏。元代定都北京后，燕山山地的森林破坏加重，元代是大规模破坏的开始。至明末清初，原始森林已消耗殆尽。仅在一些高海拔地区和封禁地区还残存小片原始林（王九龄，1992）。到 1949 年，只有在边远山区残存着小片天然次生林，中山地区分布着山杨、桦木、椴树、蒙古栎，并有少量云杉、落叶松 *Larix* spp.，灌木层主要有榛、胡枝子 *Lespedeza bicolor*、六道木 *Abelia biflora* 等；低山地区分布着油松、侧柏、栎类、鹅耳枥 *Carpinus turczaninowii* 等（王九龄，1992）。

喇叭沟门自然保护区属于北京市最偏远的山区，历史上由于交通不便，人口稀少，对森林的破坏相对较轻，仅村落附近的低山地带松、栎林被砍伐作为薪炭材或建筑用材，而偏远地区森林保存还较为完好。从晚清到 20 世纪 80 年代中期这段时间，由于受早期烧炭、1945 年森林大火及解放后集中砍伐的影响，本区森林遭到较为严重的破坏，目前局部地段尚能见到星散分布的百年以上老树和枯倒木所呈现出的原始气氛外，其他地段主要为破坏后自然生长起来的年龄仅四、五十年的各类天然次生林群落。次生林群落面积广、覆盖率高、发育良好，郁闭度多在0.7以上，其中蒙古栎林、油松林分布面积最广，蓄积最大，其他群落镶嵌其中，共同组成类型多样的植被体系。

2.2.2　植被分类

喇叭沟门自然保护区在植被区划中属于暖温带阔叶落叶林区域、冀辽山地油松、栎类林区。按照《中国植被》的分类系统，将喇叭沟门自然保护区植物群落划分为4个植被型组，8个植被型，22个群系。针叶林主要有油松林、侧柏林和华北落叶松 *Larix principis - rupprechtii* 林。阔叶林有蒙古栎林、山杨林、白桦林、核桃楸林、黑桦 *Betula dahurica* 林；灌丛主要有荆条灌丛、三裂绣线菊灌丛、照山白 *Rhododendron micranthum* 灌丛、平榛灌丛、毛榛灌丛、六道木灌丛和胡枝子灌丛；灌草丛主要有荆条—野古草 *Arundinella hirta*—隐子草 *Cleistogenes* spp. 灌草丛、三裂绣线菊 *Spiraea trilobata*—野青茅 *Calamagrostis arundinacea*—披针苔草 *Carex lanceolata* 灌草丛；草甸主要有野青茅草甸、大齿山芹 *Osvericum grosseserratum*—梅花草 *Parnassia pulustris*—日本乱子草 *Muhcenbergia japonica* 草甸、远东芨芨草 *Achnatherum extremiorientalis*—红柴胡 *Bupleurum scorzonerifolium*—拳参草甸 *Polygonum bistorta* 等。分类结果见表2-9。

表2-9　喇叭沟门自然保护区植被分类系统

Table 2-9　The types of vegetation in Labagoumen Nature Reserve

一、针叶林

（一）常绿针叶林

1. 油松林 Form. *Pinus tabulaeformis*

2. 侧柏林 Form. *Platycladus orientalis*

（二）落叶针叶林

1. 华北落叶松人工林 Form. *Larix principis - rupprechtii*

二、阔叶林

（一）落叶阔叶林

1. 蒙古栎林 Form. *Quercus mongolica*

2. 山杨林 Form. *Populus davidiana*

3. 白桦林 Form. *Bebula platyphylla*

4. 黑桦林 Form. *Betula dahurica*

5. 核桃楸林 Form. *Juglans mandshurica*

6. 北京杨人工林 Form. *Populus beijingensis*

三、灌丛和灌草丛

（一）灌丛

1. 荆条灌丛 Form. *Vitex negundo* var. *heterophylla*

2. 三裂绣线菊灌丛 Form. *Spiraea trilobata*

3. 照山白灌丛 Form. *Rhododendron micranthum*

4. 平榛灌丛 Form. *Corylus heterophylla*

5. 毛榛灌丛 Form. *Corylus mandshurica*

6. 六道木灌丛 Form. *Abelia biflora*

7. 胡枝子灌丛 Form. *Lespedeza bicolor*

8. 大果榆—山杏灌丛 Form. *Ulmus macrocarpa - Areniaca vulgaris* var. *ansu*

（二）灌草丛

1. 荆条—野古草—隐子草灌草丛 Form. *Vitex negundo* var. *heterophylla—Arundinella hirta—Cleistogenes* spp.

2. 三裂绣线菊—野青茅—披针苔草灌丛 Form. *Spiraea trilobata—Calamagrostis arundinacea—Carex lanceolata*

四、草甸

（一）丛生禾草草甸

1. 野青茅草甸 Form. *Calamagrostis arundianacea*

（二）沟谷中生草甸

1. 大齿山芹—梅花草—日本乱子草草甸 Form. *Osvericum grosseserratum—Parnassia pulustris—Muhcenbergia japonica*

（三）亚高山草甸

1. 远东芨芨草—红柴胡—拳参草甸 Form. *Achnatherum extremiorientalis—Bupleurum scorzonerifolium—Polygonum bistorta*

2.2.3 主要植被群系特征概述

喇叭沟门自然保护区植被共包括 8 个植被型、22 个群系，各个类型的组成结构及分布如下：

2.2.3.1 寒温性针叶林

华北落叶松林 Form. *Larix pricipis - rupprechtii*

本区历史上曾有天然落叶林分布。在海拔 1 500m 以上的桦木林下分布的塔藓 *Hylocomium splendens* 就是云杉、落叶松林地的代表植物。随着历史的变迁，天然落叶松林已不复存在，现在的华北落叶松林系 20 世纪 80 年代初营造的人工林。分布于北辛店将军寨海拔 1 100m 的山地半阳坡。林分密度大，株行距不足 2m，平均树高 6.7m，平均胸径 8.8m，应进行必要的抚育，以促使生产力进一步提高。林下灌木较为稀疏，覆盖度 20% 左右，主要种类有三裂绣线菊 *Spiraea trilobata*、柔毛绣线菊 *S. pubescens*、山楂叶悬钩子 *Rubus crataegifolius*、胡枝子 *Lespedeza bicolor*、锐齿鼠李 *Rhamnus arguta* 等；草本层覆盖度 70%，较多的是野青茅 *Calamagrostis arundinacea*、大油芒 *Spodiopogon sibiricus*、白莲蒿 *Artemisia gmelinii*、白头翁 *Pulsatilla chinensis* 等。

2.2.3.2 温性针叶林

（1）油松林 Form. *Pinus tabulaeformis*

油松林在孙栅子、中榆树店、北辛店等地海拔 600 ~ 970m 的阴坡、半阴坡有大面积分布。以人工林为主，有些是早期人工林，现在呈现为半天然状态。天然油松仅残存在山脊陡峭处，有的树龄已数百年。油松林郁闭度 0.5 ~ 0.8，平均高度 6.2m，最高可达 18m；平均胸径 17cm，一般为 25 ~ 30cm。林中乔木层有少量蒙古栎出现。灌木层在较低海拔处以平榛为主，中山以上阴坡林下胡枝子较多，半阴坡三裂绣线菊与柔毛绣线菊较多。除此以外还有山杏 *Prunus armeniaca* var. *ansu*、照山白 *Rhododendron micranthum*、钩齿溲疏 *Deutzia hamata* var. *baroniana*、圆叶鼠李 *Rhamnuss globosa* 等。草本层覆盖度较小，一般为 30% 左右，主要有披针苔草 *Carex lanceolata*、野青茅、小红菊 *Dendranthema chanetii*、白莲蒿、矮茎紫苞鸢尾 *Iris nuthenica* var. *nana*、东亚唐松草 *Thalictrum minus* var. *hypoleucum*，还可见二叶兜被兰 *Neottianthe cuculata* 等。

（2）侧柏林 Form. *Platycladus orientalis*

侧柏林在本区为人工林，仅于对角沟门海拔650m的阴坡上有小面积分布。平均树高不足5m，平均胸径6～7cm，林冠尚未郁闭。林中较常见的灌木为荆条 *Vitex negundo* var. *heterophylla*、三裂绣线菊、钩齿溲疏等。草本层有披针苔草、委陵菜 *Potentilla chinensis*、多歧沙参 *Adenophora wawreana*、蒙古蒿 *Artemisia mongolica*、小花鬼针草 *Bidens parviflora*、狗尾草 *Setavia viridis* 等。

2.2.3.3　落叶阔叶林

（1）蒙古栎林 Form. *Quercus mongolica*

蒙古栎林是该区面积最大、分布最广的基本林型，从海拔500m到1 500m均有分布。以800～1 200m的阴坡、半阴坡居多。现存的蒙古栎林几乎全是经砍伐后萌生的次生林，树龄30～50年，局部地段仍可见由树龄愈百年，胸径30cm以上大树构成的原始林片断。蒙古栎林郁闭度0.6～0.8。由于坡向、海拔等生境的差异，不同地段的蒙古栎林中伴生的乔木树种及地被植物亦有一定差异，形成不同的群丛。在海拔800～1 000m的半阴坡，林中较多的乔木树种为山杨 *Populus davidiana*、春榆 *Ulmus japonica*、大叶白蜡 *Fraxinus rhynchophylla*、糠椴 *Tilia mandshurica* 等，灌木层以三裂绣线菊、钩齿溲疏为主。草本层覆盖度70%，主要有披针苔草、大油芒、歧茎蒿 *Artemisia igniaria*、小红菊、中华卷柏 *Selaginella sinensis* 等。而在海拔1 000～1 300m的阴坡，蒙古栎林中则出现有黑桦 *Betula dahurica*、色木槭 *Acer mono*、紫椴 *Tilia amurensis* 等，灌木层出现有无梗五加 *Acanthopanax sessiliflorus*、金花忍冬 *Lonicera chrysantha*、东北鼠李 *Rhamnus schneideri* var. *mandshurica*、迎红杜鹃 *Rhododendron mucronulatum* 等；藤本植物可见北五味子；草本层覆盖度可达100%，除披针苔草、野青茅外，尚可见宽叶苔草 *Carex siderosticta*、粟草 *Milium effusum*、华北风毛菊 *Saussurea mongolica*、心叶露珠草 *Circaea cordata*、舞鹤草 *Maianthemum bifolium* 等。至海拔1 400m处，蒙古栎林中则出现有白桦 *Betula platyphylla*、齿叶黄花柳 *Salix sinica* var. *dentata* 等乔木树种；灌木层则出现毛榛、六道木 *Abelia biflora*、华北忍冬 *Lonicera tatarinowii* 等；草本层覆盖度近100%，主要种类有披针苔草、野青茅、山萝花 *Melampyrum roseum*、展枝沙参 *Adenophora divaricata*、兴安白芷 *Angelica dahurica* 等。

蒙古栎林是当地森林景观的主体。本区的蒙古栎林在华北亦具有代表性，应予重点保护。

（2）白桦林 Form. *Betula platyphylla*

白桦林是次生林型，分布于海拔1 200～1 500m的阴坡、半阴坡，郁闭度一般为0.7，平均树高11.5m，平均胸径13cm，树龄一般在20～30年。在海拔1 400m以下的白桦林中伴生的乔木树种有黑桦、山杨等。1 400m以上则出现花楸 *Sorbus pouhuashanensis*、硕桦 *Betula costata*。林下灌木有胡枝子、山刺玫 *Rosa dahurica*、金花忍冬、柔毛绣线菊、刺五加等。藤本植物有山葡萄 *Vitis amurensis*、穿山龙 *Dioscorea nipponica*。草本层有披针苔草、野青茅、银背风毛菊 *Saussurea nivea*、东亚唐松草、歪头菜 *Vicia unijuga*、蓝萼香茶菜 *Rabdosia japonica* 等。在海拔1 400m以上的林下出现有裸茎碎米荠 *Cardamine scaposa*、五福花 *Adoxa moschatellina*、大花杓兰 *Cypripedium macronthum*、类叶升麻 *Actaea asiatica* 等。在山坡下部的白桦林下有较多的黑鳞短肠蕨 *Allantodia crenata*、

羽节蕨 *Gymnocarpium disjunctum*、荚果蕨 *Matteuccia struthiopteris* 等。

（3）山杨林 Form. *Populus davidiana*

山杨林亦为次生群落，分布于海拔 800 ~ 1300m 的阴坡、半阴坡中下部，郁闭度可达 0.7，平均高度 10m，平均胸径 24.5cm。林中伴生乔木树种有糠椴、白桦、春榆等；灌木层有毛榛、柔毛绣线菊、蒙古荚蒾 *Viburnum mongolicum*、圆叶鼠李、山楂叶悬钩子等，草本层有披针苔草、野青毛茅、篦苞风毛菊 *Saussurea pectinata*、北柴胡 *Bupleurum chinensis*、委陵菜、龙芽草 *Agrimonia pilosa* 等；藤本植物可见大瓣铁线莲 *Clematis macropetala*、山葡萄、葎叶蛇葡萄 *Ampelopsis humulifolia* 等。

（4）黑桦林 Form. *Betula dahurica*

黑桦林是在蒙古栎林遭重复砍伐后发育成的次生林型，在海拔 1000m 以上与山杨林、白桦林镶嵌分布，在北辛店有面积较大的黑桦林分布。郁闭度 0.8，一般树高 10m，胸径 20cm，最大可达 50cm。林中伴生乔木树种以糠椴为多，其次有蒙古栎、山楂 *Crataegus pinnatifida* 等；林下灌木覆盖度达 50%，主要种类有胡枝子、柔毛绣线菊、金花忍冬、小花溲疏 *Deutzia parviflora* 等；藤本植物可见山葡萄、穿山龙、羊乳 *Codonopsis lanceolata*；草本层覆盖度 80%，除可见的披针苔草、野青茅外，还可见紫菀 *Aster tataricus*、展枝沙参、二叶舌唇兰 *Platanthera chlorantha*、鹿药 *Smilacina japonica* 等。

（5）核桃楸林 Form. *Juglans mandshurica*

核桃楸林主要分布于海拔 800 ~ 1200m 的沟谷地带，郁闭度 0.9，树高一般为 10m，胸径 20cm。林中伴生乔木树种青杨 *Populus cathayana*、野核桃 *Juglans cathayensis*、黄檗 *Phellodindron amurene* 等；灌木层有刺五加、东北茶藨子 *Ribes madshuricum*、东北鼠李、太平花 *Philadelphus pekinensis*、东陵八仙花 *Hydrangea bretschneideri*、鸡树条荚蒾 *Viburnum sargentii* 等；草本有落新妇 *Astilbe chinensis*、匍匐委陵菜 *Potentilla retans*、草地早熟禾 *Poa pratensis*、华北剪股颖 *Agrostis clavata*、异鳞苔草 *Carex heterolepis*、东北南星 *Arisaema amurense* 等。

（6）北京杨人工林 Form. *Populus beijingensis*

北京杨是该区内人工营造的主要阔叶树种，在村落附近的沟谷都可见到。栽培密度较大，株行距 2m 左右。一般树高 20m，胸径 20cm。林下灌木较少，可见一些雀儿舌头 *Leptopus chinensis*、红花锦鸡儿 *Caragana rosea*、太平花、阴山胡枝子 *Lespedeza inschanica* 等；草本层以湿中生类草为主，如华北剪股颖、水金凤 *Impatiens noli - tangere*、白花碎米荠 *Cardamine leucantha*、毛茛 *Renunculus japonicus*、白屈菜 *Chelidonium majus* 等。在林下积水处还可见球子蕨 *Onoclea interrupta*、假鼠妇草 *Glyceria leptolepis*、纤弱黄芩 *Scutellaria dependens*、黄莲花 *Lysimachia davurica* 等。

2.2.3.4 落叶阔叶灌丛

（1）荆条灌丛 Form. *Vitex negundo* var. *heterophylla*

荆条灌丛是该区分布最广、面积最大的灌丛之一，分布于海拔 800m 以下的阳坡，半阳坡。荆条是灌木层的单一优势种，平均高 1 ~ 1.5m，覆盖度可达 70%，其中有少量的三裂绣线菊、多花胡枝子 *Lespedeza floribunda*、细叶小檗 *Berberis poiretii* 等。有些地段可见槲栎 *Quercus aliana*、槲树 *Quercus dentata* 残留孤树，说明荆条灌丛是低山栎林破坏后演替而成。草本层覆盖度 50%，以旱中生种类为主，有早春苔草 *Carex subpedifor-*

mis、白草 *Pennisetum flaccidum*、多叶隐子草 *Cleistogenes polyphylla*、祁州漏芦 *Rhaponticum nuiflorum*、白头翁 *Pulsatilla chinensis*、小花鬼针草 *Bidens parviflora*、猪毛菜 *Salsola collina*、野鸢尾 *Iris dichotoma*、火绒草 *Leontopodium leontopodioides* 等。

（2）三裂绣线菊灌丛 Form. *Spiraea trilobata*

该类型主要分布于海拔 800m 以下的阴坡、半阴坡。灌丛密度大，总覆盖度可达 80% 以上，平均高度 1m。灌丛中还可见蚂蚱腿子 *Myripnois dioica*、太平花、圆叶鼠李、虎榛子 *Ostryopsis davidiana* 等灌木；草本植物有披针叶苔草、黄芩 *Scutellaria baicalensis*、小红菊、异叶败酱 *Patrinia heterophylla*、假香野豌豆 *Vicia pseudo - orobus*、白羊草 *Bothriochloa ischaemum* 等。

（3）照山白灌丛 Form. *Rhododendron micranthum*

照山白灌丛多分布于海拔 1000m 以上的林缘、山脊部分，面积不大。灌木层中还有蒙古荚蒾、胡枝子、平榛等；草木层以披针苔草、野青茅为主，还可见兔儿伞 *Syneilesis aconitifolia*、南牡蒿 *Artemisia eriopoda*、大丁草 *Leibnitzia anandria*、柴胡等。

（4）平榛灌丛 Form. *corylus heterophylla*

平榛灌丛多分布于中山林缘砍伐迹地、撩荒地上，面积不大。平榛往往是群落的唯一优势种。在撩荒地上榛灌丛边缘可见柔毛绣线菊、荆条、钩齿溲疏等灌木；草本层稀疏，有委陵菜、隐子草 *Cleistogenes* ssp. 、狗尾草、刺儿菜 *Cirsium setosum* 等。在林缘或砍伐迹地上的平榛灌丛中可见美蔷薇 *Rosa bella*、短序胡枝子 *Lespedeza cytobotrya*、六道木等；草本属以披针苔草、野青茅为主，还可见小红菊、山柳菊 *Hieracium umbellatum*、二月兰 *Convallaris majalis* 等。

（5）毛榛灌丛 Form. *Corylus mandshurica*

毛榛灌丛分布于海拔 1500m 以上的山坡林缘，基本上是以毛榛为单一优势种的群落，密度大，高度 2 ~ 2. 5m。群落中还可见六道木、金花忍冬、华北忍冬 *Lonicera tatarinowii*；草本层有华北苔草 *Garix hancockiana*、远东芨芨草 *Achnatherum extremiorientalis*、华北风毛菊、荫生鼠尾 *Salvia umbratica*、迷果芹 *Sphallerocarpus gracilis*、柳叶芹 *Czernaevia laevigata* 等。

（6）六道木灌丛 Form. *Abelia biflora*

该灌丛分布于海拔 1500m 左右的林间多石山坡，除六道木外还可见华北覆盆子 *Rubus idaeus* var. *borealisinensis*、刺果茶藨子 *Ribes burejense*、灰栒子 *Cotoneaster acutifolius*、接骨木 *Sambucus williamsii* 等；草本层可见华北景天 *Sedum tatarinowii*、山西玄参 *Scrophularia modesta*、球茎虎耳草 *Saxifraga sibirica* 等。

（7）胡枝子灌丛 Form. *Lespedeza bicolor*

胡枝子灌丛分布于海拔 1200m 以上的山地阴坡林缘或采伐迹地，面积不大。除胡枝子外，尚可见山楂叶悬钩子、山丁子 *Malus baccata*、柔毛绣线菊、钩齿溲疏、北京忍冬 *Lonicera pekinensis* 等；草本层有披针苔草、野青茅、蕨 *Pteridium aquilinum* var. *latiusculum*、地榆 *Sanguisorba officinalis*、苍术 *Atractylodes lancea* 等。

（8）大果榆—山杏灌丛 Form. *Ulmus macrocarpa—Armeniaca vulgaris* var. *ansu*

该群系分布于海拔 900m 以下的阳坡，由蒙古栎林破坏后演替而成。群落中除大果榆、山杏外，还可见由伐桩萌生的蒙古栎幼树，高度仅 2 ~ 3m。整个群落覆盖度不足

50%，水土流失严重。有些地段有人工栽植的油松。草本有远志 *Polygala tenuifolia*、米口袋 *Gueldenstaedtia multiflora*、白头翁、瓦松 *Orostachys fimbriatus*、阿尔泰狗哇花 *Heteropappus altaicus*、野古草 *Arundinella hirta*、中华卷柏等。

2.2.3.5 灌草丛

（1）荆条—野古草—隐子草灌草丛 Form. *Vitex negundo* var. *heterophylla*—*Arundinella hirta*—*Cleistogenes* spp.

该群系分布于海拔600m以下，人为活动较多的山坡，总覆盖度70%。灌木除荆条外还有钩齿溲疏、蚂蚱腿子、酸枣 *Ziziphus junuba* var. *spinosa* 等；草本层有野古草、北京隐子草 *Cleistogenes hancei*、多叶隐子草 *C. polyphylla*、猫眼草 *Euphorbia lunulata*、远志、委陵菜、早春苔草、直立地蔷薇 *Chamaerhodos erecta* 等。

（2）三裂绣线菊—野青茅—披针苔草灌草丛 Form. *Spiraea trilobata*—*Calamagrostis arundinacea*—*Carex lanceolata*

该群系分布于低山阴坡，总覆盖度达80%以上。灌木层以三裂绣线菊为主，还有平榛、钩齿溲疏、太平花、北京丁香等；草本层有披针苔草、野青茅、大丁草、毛连菜 *Picris japonica*、狗哇花 *Heteropappus hispidus*、铁丝草 *Poa sphondylodes*、山丹 *Lilium pumilum*、白首乌 *Cynanchum bungei*、益母草 *Leonurus japonicus* 等。

2.2.3.6 草甸

（1）以野青茅为主的丛生禾草草甸 Form. *Calamagrostis arundinacea*

该群系分布于阴坡、半阴坡砍伐迹地上。群落覆盖度可达100%。草甸中散生有美蔷薇、胡枝子、毛榛等灌木，也可见萌生的白桦、黑桦幼树。草本以野青茅为主，也有较多的大叶章 *Calamagrostis purpurea*、京芒草 *Achnatherum pekinense*、肥披碱草 *Elymus excelsus*、紫花野菊 *Dendrenthema zawadskii*、西伯利亚橐吾 *Ligularia sibirica*、大叶龙胆 *Gentiana macrophylla*、草本威灵仙 *Veronicastrum sibiricum*、辽藁本 *Ligusticum jeholense*、藜芦 *Veratrum nigrum*、升麻 *Cimicifuga dahurica*、蓝刺头 *Echinops latifolius*、牛扁 *Aconitum barbatum* var. *puberulum* 等。

（2）以大齿山芹—梅花草—日本乱子草为主的沟谷中生草甸 Form. *Osvericum grosseserratum*—*Parnassia pulustris*—*Muhcenbergia japonica*

沟谷中生草甸分布于较为开阔的山谷，群落覆盖度可达100%。草本种类繁多，优势种不易确定，随着海拔高度及季相的变化，优势种的表现亦有不同。主要种类有尖嘴苔草 *Carex leiorrhyncha*、细叶苔草 *C. rigescens*、日本乱子草、华北剪股颖、披碱草 *Elymus dahuricus*、大齿山芹、梅花草、红梗蒲公英 *Taraxacum erythropodium*、烟管蓟 *Cirsium pendulum*、欧亚旋覆花 *Inula britanica*、黄香草木犀 *Melilotus officinalis*、野大豆 *Glycine soja*、花锚 *Halenia sibirica*、山马兰 *Kalimeris lautureana*、草乌头 *Aconitum kusnezoffii*、蚊子草 *Filipendula palmata*、水杨梅 *Geum alppictum*、疗齿草 *Odontites serotina* 等。水边湿地可见薄荷 *Mentha haplocalyx*、黄莲花 *Lysimachia davurica*、长鬃蓼 *Polygonum longisetum*、沼繁缕 *Stellaria palustris*。在低山沟谷中还可见较多的灯芯草 *Juncus* spp.、红鳞扁莎 *Pycreus sanguinolentus* 等。

（3）以远东芨芨草—红柴胡—拳参为主的亚高山草甸 Form. *Achnatherum extremiori-*

entalis—Bupleurum scorzonerifolium—Polygonum bistorta

亚高山草甸在本保护区仅分布于南猴顶附近的山顶上，群落覆盖率100%。优势种不十分明显，主要种类有远东芨芨草、红柴胡、拳参、紫菀、小黄花菜 *Hemerocallis minor*、叉分蓼 *Polygonum divaricatum*、地榆、白莲蒿、石竹 *Dianathus chinensis*、钝萼附地菜 *Trigonotis amblyosepala* 等。

2.2.4 重点群落结构分析

2.2.4.1 蒙古栎群落结构分析

（1）物种组成

经统计分析，组成蒙古栎群落的维管束植物有50科119属168种，其中包含种数最多的科为菊科（含31种），其次为蔷薇科（含13种），其他含种较多的科有豆科、禾本科、百合科（均7种），其余均为少种科及单种科。蔷薇科是我国温带地区植物区系和植被组成的特征科，菊科、禾本科植物广布于全球，在喇叭沟门蒙古栎林下较为常见，但主要是一些温带属。蒙古栎群落中包含种数最多的属为蒿属（7种）和风毛菊属（4种），其次为鼠李属、委陵菜属、沙参属和苦荬菜属（均含3种）；总的组成中双子叶植物有37科98属140种，单子叶植物有6科13属7种，蕨类植物有6科6属7种，裸子植物1科2属2种。群落中乔木14种，占总种数的8.3%，灌木35种，占总种数的20.8%，草本119种，占总种数的70.8%。

（2）生活型谱

生活型是植物通过对环境条件进行适应后在其生理、结构，尤其是外部形态上的一种具体反映，是群落学研究中植物生态功能群（ecological groups）或生态种组（ecological species groups）的划分基础。通过生活型谱的比较，可以洞察控制群落的重要气候特征（王伯荪等，1996）。

分析方法主要根据丹麦生态学家Raunkiaer（1932）提出的生活型系统，即在植物活动处于最低潮的季节，按更新芽距土壤表面的位置对苗端提供保护的程度而划分类型，同时参考了高贤明等（高贤明等，1998）对暖温带生活型系统的修正意见，即把维管束植物分为中高位芽植物、矮高位芽植物、地上芽植物、地面芽植物、地下芽植物、一年生植物。蒙古栎群落生活型统计如表2-10。

表2-10 蒙古栎群落物种生活型统计

Table 2-10 Statistics on species living type of *Q. mongolica* community

生活型	Ph				Ch	N	G	Th	合计
	Maph	Meph	Miph	Nph					
种数	0	8	22	17	6	55	51	9	168
所占比例（%）	0	4.8	13.1	10.1	3.6	32.7	30.3	5.4	100

注：Ph：高位芽植物；Maph：大高位芽植物；Meph：中高位芽植物；Miph：小高位芽植物；Nph：矮高位芽植物；Ch：地上芽植物；N：地面芽植物；G：地下芽植物；Th：一年生草本

结果表明，喇叭沟门自然保护区蒙古栎群落植物的生活型中，以地面芽植物占优，为32.7%，地下芽植物次之，为30.4%，接下来依次为小高位芽植物（13.1%）、矮高位芽植物（10.1%）、一年生植物（5.4%）和中高位芽植物（4.8%）。该群落中无大高位芽植物出现，与暖温带地区水、热不足和人为活动频繁等因子有关。地面芽和地下芽植物数量在该群落生活型谱中最高，说明了地面芽和地下芽是对冬季酷寒天气适应最成功的生活型，也基本反映出该区夏季温暖多雨、冬季寒冷干旱的中纬度气候特征。

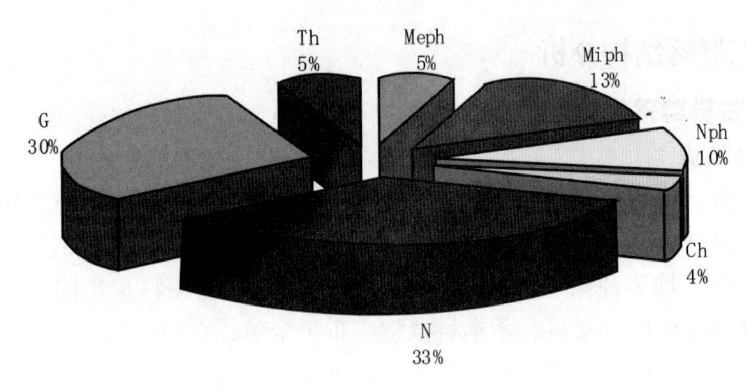

图 2-1 蒙古栎群落生活型谱

注：Ph：高位芽植物；Maph：大高位芽植物；Meph：中高位芽植物；
Miph：小高位芽植物；Nph：矮高位芽植物；Ch：地上芽植物；
N：地面芽植物；G：地下芽植物；Th：一年生草本

Figure2-1 Chart of living types of *Q. Mongolica* community

高贤明等（1998）对我国暖温带森林植物生活型的研究结果表明，暖温带森林植物中地面植物芽为33.9%，与蒙古栎群落的地面芽植物比例相差不大，地下芽植物为19.7%，比本区蒙古栎群落地下芽植物30.4%的比例要低，这种情况与喇叭沟门自然保护区位于较高海拔、较高纬度，使得蒙古栎群落所处的位置处于较冷生境相符合，这也从侧面反映出该区没有辽东栎分布的原因。

表 2-11 不同地区蒙古栎群落生活型比较

Table 2-11 Comparison on living types of *Q. mongolica* communities in different region

地　点	Maph + Meph	Miph + Nph	Ch	N	G	Th
河北老岭林区	12.1	17.8	0.8	33.5	25.1	1.8
辽宁白石砬子保护区	14.3	16.9	2.0	30.6	27.6	7.2
黑龙江丰林自然保护区	18.5	9.2	3.1	32.3	27.7	3.1
北京喇叭沟门自然保护区	4.8	23.2	3.6	32.7	30.4	5.4

注：Ph：高位芽植物；Maph：大高位芽植物；Meph：中高位芽植物；Miph：小高位芽植物；Nph：矮高位芽植物；Ch：地上芽植物；N：地面芽植物；G：地下芽植物；Th：一年生草本

从表2-11中喇叭沟门自然保护区与周围4个地区的蒙古栎生活型谱（于顺利等，2000）比较分析可以看出，喇叭沟门自然保护区的中高位芽植物低于其他地方，小高位芽和矮高位芽植物高于其他地方，其他类型基本接近，反映出喇叭沟门自然保护区蒙古栎林乔木层种类较其他地区单调，但灌木种类相对丰富的特点。

（3）群落区系分析

从组成蒙古栎群落属、种的分布区类型可以看出，该群落植物区系的地理成分比较复杂，除编号 3 和编号 6 两种类型外，其余 13 种分布区类型在该群落中都有存在，这与该区所在的燕山山脉位于内蒙古高原、华北平原、黄土高原的交汇地带，各种地理成分交汇渗透，加之蒙古栎群落生长的地形复杂、小生境多样等自然条件相关联。

表 2－12　蒙古栎群落植物区系组成

Table 2－12　The areal－type composition of genera & species of *Q. mongolica* community

编号	分布区类型	属数		种数	
		数量	百分比（%）	数量	百分比（%）
1	世界分布	16	—	23	13.7
2	泛热带分布	1	0.8	3	1.8
3	热带亚洲和热带美洲间断分布	0	0.0	0	0.0
4	旧世界热带分布	2	1.7	3	1.8
5	热带亚洲至热带大洋洲分布	1	0.8	1	0.6
6	热带亚洲至热带非洲分布	0	0.0	0	0.0
7	热带亚洲分布	1	0.8	3	1.8
8	北温带分布	52	43.7	75	44.6
9	东亚和北美洲间断分布	5	4.2	6	3.6
10	旧世界温带分布	19	16.0	26	15.5
11	温带亚洲分布	8	6.7	10	6.0
12	地中海区、西亚至中亚分布	1	0.8	1	0.6
13	中亚分布	1	0.8	1	0.6
14	东亚分布	9	7.6	12	7.1
15	中国特有分布	3	2.5	4	2.4

尽管地理成分较为复杂，但各种类型的比例差别显著，其中北温带成分、旧世界温带成分及温带亚洲成分占绝对优势，在属的分布区类型中三者所占比例之和达 66.4%，在种的分布区类型中三者之和为 66.1%，反映出蒙古栎群落的明显的温带性质。

蒙古栎群落区系组成与喇叭沟门自然保护区及北京市种子植物区系组成都存在一定差异。表现为：泛热带分布属植物在蒙古栎群落中所占比例仅为 0.8%，而在喇叭沟门植物区系中为 8.93%，北京市植物区系中为 11.5%；北温带成分在蒙古栎群落中所占比例达 43.7%，而在喇叭沟门植物区系和北京市植物区系中仅为 38.4% 和 29.9%，比例降低；地中海区、西亚及中亚分布类型在蒙古栎群落中所占比例为 0.8%，在喇叭沟门植物区系和北京市植物区系中分别为 1.44% 和 3.15%；其他区系成分变化不大。以上这种变化反映了蒙古栎群落区系组成比喇叭沟门自然保护区和北京市种子植物区系组成更为明显的温带性质，其群落中的物种组成更趋向于具有耐寒、旱的类型，这与蒙古栎群落在喇叭沟门处于较高海拔、高纬度的阴坡地段的生态环境是相符合的。也正因为如此，泛热带成分在蒙古栎群落中更难以生存，所占比例更小，明显低于在喇叭沟门自然保护区和北京市种子植物区系中所占比例。同样，泛热带成分所占比例在喇叭沟门植物区系小于在北京市植物区系中。

曾宪锋（1998）认为，地带性植被可以作为当地区系研究的典型材料，窥一斑而见全貌，同时他认为不同区系的比较可通过对各地典型地带性植被的区系分析来进行。通过对蒙古栎群落、喇叭沟门自然保护区和北京市种子植物三者之间的区系组成分析可以看出，典型群落的区系分析更能揭示该群落所处小生境的气候、环境状况和该群落的性质，而对该地区物种的区系组成只能是一个粗略的反映，原因在于：

①由于受栽培种类和人为干扰的影响程度不同，典型植被中物种的分布区类型和该地所有物种的分布区类型之间的组成比例差异较大，尤其在对一个地区物种的统计编目中，因为对栽培物种的收录情况不同，会影响到该区植物区系的组成及比例。

②地带性植被通常具有特定的小生境，其物种组成难以代表全区的物种区系组成，如在喇叭沟门地区，油松林和蒙古栎林都为地带性植被，但由于分布的海拔、坡向和人为干扰的影响，两种群落之间相似性系数很低。油松林主要分布于低山阳坡、半阳坡，蒙古栎林则分布于中山阴坡，两个群落之间共有种少，如果用蒙古栎林或山杨林作为喇叭沟门自然保护区种子植物区系分析的代表，都具有一定的片面性和局限性。

2.2.4.2 油松群落结构与更新研究

油松林是喇叭沟门自然保护区主要的植被类型之一，尽管面积相对较小，但是在局部地段由于林龄较大（将近100年），近些年受人为干扰极轻，呈现出天然次生林状态，林下更新良好，因此，研究其群落结构和更新状态，对于揭示该区油松林的动态演替规律，制定合理的抚育管理措施，充分利用林木的天然更新的能力，使人工更新与天然更新结合，既对加快山区绿化步伐具有重要意义，也可为北京乃至华北广大山区应用油松作为主要造林树种的植被恢复建设提供参考。

（1）油松群落结构的研究方法

对群落结构的研究主要根据调查样地的数据结果进行处理分析。所调查的25个油松标准地共分布在10个不同的地点，通过筛选，保留18个标准地，并根据微域环境的差异，将这18个标准地分为四类：①中榆树店油松林，有5块标准地，受一定程度人为干扰。林地坡度较缓，海拔在600m左右，分布在东坡，郁闭度为0.7；②小梁子油松林，有3块标准地。林分密度小，郁闭度低于0.2，林地海拔在900m以上；③鸽洞沟、汤泉沟油松林，有4块标准地，位于阳坡、半阳坡，坡度为30°~42°，林分郁闭度为0.3~0.6；④鹿角沟油松林，有6块标准地，位于阴坡、半阴坡，林分郁度为0.4~0.7。各地点油松林基本概况如表2-13。

表2-13 各地点油松林分布状况表

Table 2-13 Distributed situation of *Pinus tabulaeformis* forest in all places

地 点	小梁子	鸽洞沟	鹿角沟	中榆树店
标准地块数	3	4	6	5
平均高（m）	5.8±0.03	6.9±0.03	8.9±0.02	10.3±0.02
平均胸径（cm）	9.5±0.02	11.3±0.01	13.3±0.01	15.2±0.01

（续）

地　点	小梁子	鸽洞沟	鹿角沟	中榆树店
平均年龄（年）	22.6	18.5	29.2	19.3
郁闭度	<0.2	0.3~0.6	0.4~0.7	0.4~0.7
海拔	900~920	840~900	750~970	600~620
坡位	上，中，下	顶，上，中，下	顶，上，中，下	中，中，中，下
坡度	20°~26°	30°~42°	20°~30°	16°~30°
坡向	NE，NW，W	NW，SW，SW	NS，N，E，N	E，NE，NE，NE

（2）油松林群落的起源与分布

油松林虽然作为地带性植被在喇叭沟门自然保护区长期存在，但长期以来其面积大小和分布范围一直处于变化之中，了解这些变化有助于更深入地去认识该群落的发生及演替趋势。

松栎林是北京地区的地带性植被，早期油松林在喇叭沟门自然保护区的分布应该是比较广泛的。根据1998年对孙栅子村80余岁老人的走访调查，在100年以前油松林在喇叭沟门自然保护区的分布是很普遍的，尤其是交通不便的山区（从目前该区多处残存的孤立油松古树也可以得到证实）；后来随定居人口的增加，油松林被砍伐而面积缩小，尤其是1943年抗日战争期间喇叭沟门自然保护区发生的森林大火，历经3个多月方才熄灭，对油松林可以说是一个毁灭性的灾难，因为油松的耐火性差，所以其面积急剧缩小，相反，蒙古栎由于耐火性、萌芽力很强，火灾反而有助于蒙古栎林的扩展，在许多地段取代了油松林的位置。

在1964年绘制的喇叭沟门林区植被图上仅可以看到两块油松林与辽东栎（应为蒙古栎）萌生丛结合的群落，分别分布于胡营到南猴顶海拔1 000m左右的山坡和大甸子东沟一带，总面积近4 000hm^2，说明当时该区油松林的分布面积并不大。植被图中虽没有绘出油松林在其他地段有分布，但根据调查结果认为，该群落以小面积或杂木林状态分布于中榆树店、下帽山等地。2000年，根据二类调查数据统计，自然保护区油松林面积为811hm^2，说明油松林面积大为缩小，通过比较两个时期植被图发现，20世纪60年代的油松与蒙古栎萌生丛斑块已经被蒙古栎林所取代，目前的油松林主要分布于沿前喇叭沟、后喇叭沟、胡营沟、帽山沟、及大甸子沟这几条主要大沟的村落附近和公路两侧，呈小斑块状分布，有些是早期的人工林。

年龄结构能够反映出不同年龄组的个体在种群内的比例和配置状况，对深入分析种群动态和进行预测预报具有重要价值。在小梁子、鸽洞沟、鹿角沟、中榆树店4个分布点内，油松林环境因子较为一致，油松起源、年龄、群落外貌、组成结构和所受的人为干扰大致相同，因此，为了便于研究，将油松林样地资料按照群落外貌特征和环境因子（主要是地点因子）分为4组，各组油松林年龄结构组成如图2－2。

（3）油松林年龄结构分析

从年龄结构图中可以看出：

①本区油松林年龄结构呈偏正态分布（左偏），最高峰为15年左右，然后向两侧下降，反映出油松林在此年龄段数量最多，从15年以下的3个龄阶中，油松数量按

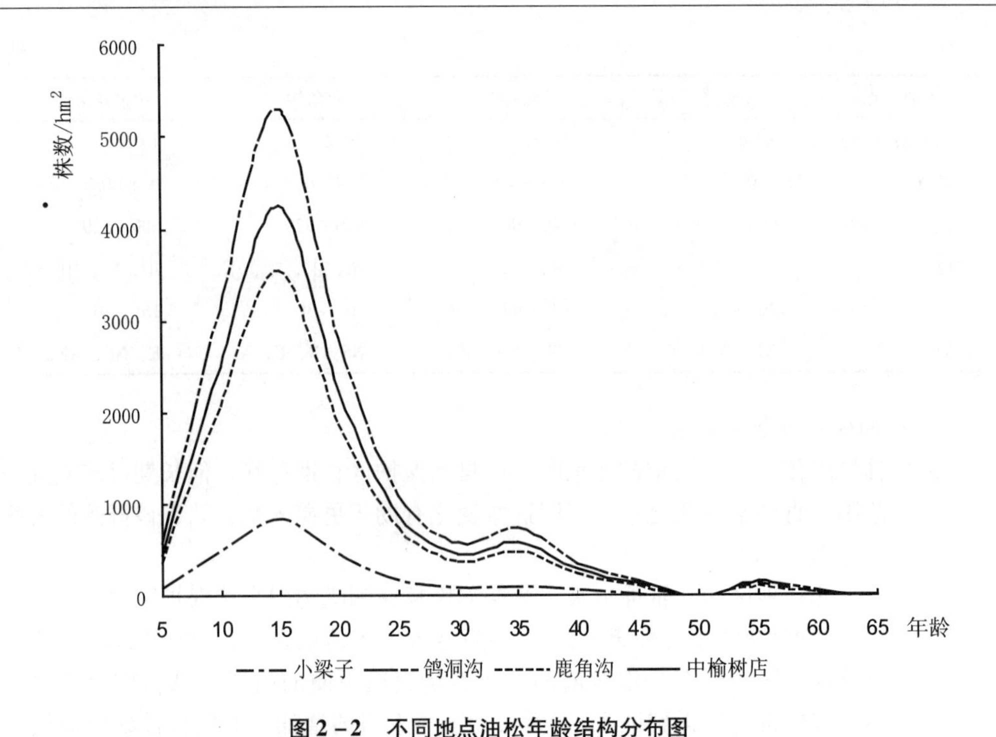

图 2－2　不同地点油松年龄结构分布图

Figure2－2　Age distribution of *Pinus tabulaeformis* forest in different sites

11～15 年、6～10 年、1～5 年 3 个龄阶依次减少；从年龄结构图可以看出，群落结构以幼体最多，属于增长型种群。

② 4 个地点之间油松年龄结构相似，但同一龄阶油松幼苗、幼树的数量差异明显，即鸽洞沟各年龄段油松数量最多，其次为中榆树店和鹿角沟，这三个地方的油松各龄阶数量差异除在最高点较大外，其余各点都较为接近，各龄阶油松数量最少的是小梁子，与前三者的差异较大。

③从龄阶分布曲线中可以看出各点在 30～40 年龄段形成一个小的高峰，往后则迅速下降，说明目前油松林的最高层即主林层年龄多为 35 年左右，起源于人工林，但个别乔木样地仍有年龄在 60 年的油松老树存在，这些老树应当为早期造林时林地中已经存在的幼树。从中榆树店油松林中残留的腐朽伐桩可以看出该林分早期经过皆伐，目前的林分为人工造林，但由于更新良好，已经难以判断其起源。

4 个地点中各龄阶油松数量的差异从各群落所处的环境状况可以得到解释，鸽洞沟各年龄段油松数量最多，一方面原因在于油松林郁闭度为 0.3～0.6，这种郁闭度（王伯荪，1983）的林分上层林冠光照增加，林木结实加大，地被物较少，土壤湿润，有利于种子发芽和生长。另一方面，鸽洞沟油松林林地坡度较陡（30°～42°），这为油松的天然下种提供了方便，这点与马尾松不同。马尾松（李景文，1994）在坡度为 15°左右时，天然下种的苗最多，25°左右次之，超过 32°以上的陡坡，天然更新不良，这是马尾松的种子较油松种子小的缘故。而导致中榆树店油松更新状况比鹿角沟油松更新状况略好的原因很可能与人为干扰有关。中榆树店油松林距离中榆树店村很近，林地下部受放牛的影响，林下空隙大，其他灌木种类很少，但油松更新幼苗则很多。据徐化成

（1990）的研究，这种受一定程度干扰的油松林反而有利于更新。

（4）油松幼苗、幼树的更新状况

对油松幼苗、幼树更新状况的研究有助于了解油松的更新规律，为此，利用表2－14、表2－15分别统计阳坡、半阳坡，阴坡、半阴坡的油松幼苗、幼树的更新状况。

通过计算分析，结论如下。

表2－14　阴、阳坡油松更新状况统计表

Table 2－14　Renewed situation of *Pinus tabulaeformis* forest in shaded and sunny slopes

坡向	标准地号	龄阶			标准地号	龄阶		
		0～5年	6～10年	11～15年		0～5年	6～10年	11～15年
阴坡、半阴坡	2－35	7	15	5	3－48	7	0	0
	3－34	0	1	7	3－7	2	0	0
	2－33	10	60	68	3－13	10	11	0
	2－30	2	11	3	3－30	0	0	3
	2－14	0	3	0	3－29	14	25	5
	2－31	3	14	6	1－55	9	16	25
	1－32	1	2	17	1－56	12	20	46
	1－31	3	3	3	1－57	3	1	0
	1－51	0	0	0	1－58	1	0	1
					1－59	1	0	0
阳坡、半阳坡	2－8	0	0	1	3－33	2	0	0
	1－35	0	0	0	3－32	4	5	8
	1－34	4	6	28	3－34	2	10	39

表2－15　阴坡、阳坡更新状况比较

Table 2－15　Comparison on renewed situation of *Pinus tabulaeformis* forest in shaded and sunny slopes

项　目	龄阶（阴坡）			龄阶（阳坡）		
	0～5年	6～10年	11～15年	0～5	6～10	11～15
总株数	85	182	189	12	21	76
每公顷株数	2125	4550	4725	300	525	1900
幼苗、幼树平均高（m）	0.22±0.03	0.68±0.03	1.6±0.01	0.83±0.02	1.6±0.02	3.2±0.02
株数百分比（%）	18.67	39.83	41.5	10.99%	19.34%	69.67%
总更新株数		11400			2725	
更新评价		更新良好			更新不良	

①从表2－14可以看出，油松林在阴坡的更新数量明显多于阳坡。阴坡油松幼苗、幼树每公顷平均总株数达到11 400株，阳坡上每公顷油松幼苗、幼树总株数为2 725株，说明其幼苗、幼树的更新状况良好。

②从表 2－15 中可以看出，阴坡和阳坡的油松幼苗、幼树虽属同一个龄阶，但平均高明显有差异，阳坡要高于阴坡。出现以上结果的原因是由于油松为喜光树种，在阳坡上生长比在阴坡上生长要快，但生长快并不意味着阳坡油松的更新要优于阴坡，因为阳坡油松幼苗高生长过快，其径生长相对较慢，这对于幼苗早期缺乏对外界环境变化抵抗力的油松来说极为不利，导致油松生长不稳定，更新幼苗不易成活。

③从表 2－16 分析得知，阴坡、半阴坡和阳坡、半阳坡油松林内部 3 个龄阶之间幼林幼树的高生长差异显著，11～15 年幼树高于 5～10 年幼树，5～10 年幼树又高于0～5 年幼苗。

④无论是阳坡还是阴坡油松更新苗中以 11～15 龄阶的苗木所占比例最高，其次为 6～10 龄阶，而 1～5 龄阶的更新苗木所占比例最低，其原因通过下一节分析予以解释。

表 2－16 阴、阳坡更新层油松高度方差分析与多重比较

Table 2－16 Renewed situation of *Pinus tabulaeformis* forest in shaded and sunny slopes

阳坡、半阳坡	方差分析	变差来源	平方和 ss	自由度 f	平均平方和 MS	F 值
		组间	$ss_1=85.84$	$f_1=2$	$MS_1=42.92$	4.08*
		组内	$ss_2=1115.12$	$f_2=106$	$MS_2=10.52$	
		总计	$ss=1200.96$	$f=108$		
	多重比较		$y_1=3.2$		$y_2=1.6$	$y_3=0.83$
		$y_3=0.83$	2.37*		0.77*	/
		$y_2=1.6$	1.6*		/	
		$y_1=3.2$	/			
阴坡、半阴坡	方差分析	变差来源	平方和 ss	自由度 f	平均平方和 MS	F 值
		组间	$ss_1=136.15$	$f_1=2$	68.08	5.03*
		组内	$ss_2=6130.81$	$f_2=453$		
		总计	$ss=6266.19$	$f=455$		
	多重比较		$y_1=1.6$		$y_2=0.68$	$y_3=0.22$
		$y_3=0.22$	1.38*		0.61*	/
		$y_2=0.68$	0.77*		/	
		$y_1=1.6$	/			

（5）油松更新苗种群的空间格局

空间分布格局是植物种群研究的重要内容，是种群的重要结构特征之一。种群的分布格局由种群特性、种群关系和环境条件的综合影响所决定，在某种意义上它与环境条件的相关是因果关系，或者说种群格局是对环境适应和选择的结果。因而种群空间分布格局通常反映了一定环境因子对个体行为、生存和生长的影响。

种群的空间分布格局大致可分为 3 类，即均匀型、随机型、成群型。其检验方法很多，如 Greig－Smith（1952）提出的等级方差分析法、M. D. Hill（1973）的三项估计方差法、B. D. Ripley（1978）的谱分析法、杨持等（1983）的二维网函数差值法，最常用的检验方法是方差/平均数比率，即 s^2/m。其中

$$m = \frac{\sum fx}{n} \qquad s^2 = \frac{\sum (fx)^2 - [(\sum fx)^2 / n]}{n-1}$$

式中：x 表示样方中某种个体数；f 表示含 x 个样方的出现频率；n 表示样方总数。

通过对喇叭沟门自然保护区油松林各样方中出现的油松幼苗、幼树数量进行统计分析，按照方差/平均数比率法对油松更新苗种群的空间分布规律进行研究。

方差分析结果表明，油松幼苗在阴坡和阳坡中均表现为 $s^2/\bar{x} > 1$，即说明其属于成群分布，即聚群分布。

表2-17　油松更新苗种群的空间分布检验

Table 2-17　Testing of space distribution of *Pinus tabulaeformis* seedling

位置	样方数（f）	每样方油松个体数（x）	$f(x)$	$(x-\bar{x})^2$	$f(x-\bar{x})^2$
阳坡、半阳坡	15	0	0	0.294	4.41
	5	1	5	0.21	1.05
	4	2	8	2.126	8.504
阴坡、半阴坡	10	0	0	4.89	48.9
	30	2	60	0.045	1.35
	4	3	12	0.621	2.484
	7	5	35	7.773	54.411
	1	8	8	5.788	5.788

对阳坡、半阳坡以及阴坡、半阴坡油松更新苗株数分布进行方差分析，

阳坡：$s^2 = \sum f(x-\bar{x})^2/(N-1) = 0.607$，$\bar{x} = \sum fx / \sum f = 0.542$，$s^2/\bar{x} = 1.120 > 1$

阴坡：$s^2 = \sum f(x-\bar{x})^2/(N-1) = 2.214$，$\bar{x} = \sum fx / \sum f = 2.212$，$s^2/\bar{x} = 1.001 > 1$

油松幼苗呈聚群分布的原因在于：①油松种子的传播方式使其以母株为扩散中心；②林地中局部条件的差异，如林地光照、土壤湿度、灌丛盖度等；③球果在球果枝上分布的不均匀性。

（6）油松群落的演替趋势

演替是指在某一地段上一个群落代替另外一个群落的过程。油松林为人工林，油松为群落中的绝对优势树种，当油松林形成后，有阔叶树种黑桦、白桦、坚桦 *Betula chinensis*、蒙古栎、春榆、紫椴、核桃楸、大叶白蜡、秋子梨 *Pyrus ussuriensis*、大果榆、山杨的侵入，而黑桦、白桦、坚桦都处于主林层中，因此，从长远的演替趋势来看属衰退种，即不可能代替油松林而形成黑桦林、白桦林或坚桦林。油松与栎类等阔叶树的演替关系，取决于气候条件和土壤条件。例如，在陕北和秦岭，由于气候的不同，油松和栎类的关系就不同。秦岭地区气候温暖湿润，这里落叶栎类是顶极群落，而油松是不稳定的，而在陕北黄土高原，降水偏小，温度偏低，栎林的发展受到限制，油松林具有一定稳定性，故这里顶极群落被认为是油松林（钱国禧，1960）。

在同一气候下，如果不考虑外界其他环境因子如气候变动、火灾、人为干扰等的作用，油松林的稳定性则决定于地形和土壤条件。在土壤干燥瘠薄的条件下，乔木层只有油松能够生长，其他栎类及阔叶树因对土壤水分和肥力要求高，不能生长，这时油松林

是相对稳定的，在这种立地条件下，油松林受到破坏后就退化为灌丛群落；相反，如果立地条件较好，即土壤水分和肥力既能够满足油松生长的需要，也能满足栎类等的要求，这时油松林不稳定，有可能被栎林所代替。

在对喇叭沟门油松林群落演替趋势分析中，对外业调查的16个样地中林下阔叶树种的更新调查数据进行统计，每个样地中包括5个样方（取样的位置为标准地中央及四角附近）。将阔叶树种出现的样方数与样地中样方数之比计为频率，统计结果如表2－18。

由统计结果可知：蒙古栎出现的频度较其他种出现的频度高，平均频率达44.4%，其次为大叶白蜡和春榆，分别为16.3%和7.5%，其他种出现的频率很低。但是蒙古栎和大叶白蜡的耐荫性不同，出现在各个林地中的频率和种类也有差异。蒙古栎幼苗主要出现于阴坡样地中，频率很高，而在阳坡或较低海拔阴坡郁闭度低的样地中频率很低或没有出现，而大叶白蜡或其他阔叶种类相对丰富。这种分布状况对各个样地油松群落的演替有可能会产生不同方向，即在局部地段油松林下蒙古栎幼苗较多，更新状况良好，蒙古栎幼苗比油松幼苗更耐荫，如果排除人为干扰等外因影响，将最终演化为蒙古栎群落，而另外一些地段由于不适合于蒙古栎的生长，将会在较长时期内被油松林占据，形成相对稳定的群落。

表2－18 更新层阔叶树种分布频度统计表

Table 2－18 Distribution frequency of broad－leaved trees in renewed layer

标准地号	春榆	蒙古栎	紫椴	核桃楸	大叶白蜡	秋子梨	大果榆	山杨
1－32		100						
1－51		100						
2－8		20			40			
2－14		50			80			
2－30								
2－31		80			20			
2－33	60	80			20			40
2－34					60	40	20	
2－35		40	20	20				
3－13		80						
3－32								
3－30		60						
3－48		40						
3－29								
3－7		60			40			
3－33	60							
平均频率（%）	7.5	44.4	1.25	1.3	16.3	2.5	1.3	2.5

2.2.5 环境对植被的影响

2.2.5.1 植被的垂直分布

喇叭沟门自然保护区最高点为西北部的南猴顶，海拔为1 697m，也是怀柔区最高的山峰。海拔高度从温度、水分因子上制约了群落的分布。

在海拔800m以下，天然森林植被已破坏殆尽，喜热的荆条、酸枣构成了大面积灌丛和灌草丛。在海拔800～1 300m，基本林型是蒙古栎林。1 000～1 600m处分布有大面积的杨、桦次生林。1 600m以上的山顶，白桦和黑桦呈矮曲团块状分布，林间有亚高山草甸分布。油松林亦为当地的主要林型，但大面积天然油松林已遭破坏，只有800m以上的山脊部分有小面积残留的油松天然林。在海拔800m以下的阴坡有大面积的人工油松林。毛榛灌丛只出现在海拔1 500m以上，而平榛灌丛在1 000m以下居多。同一群系亦因海拔高度的不同而有差异，如在海拔1 400m以下白桦的伴生乔木以山杨、黑桦、糠椴为主；林下草本有较多的三脉紫菀 *Aster ageratoides*、歧茎蒿、展枝沙参等。而在海拔1 400m以上伴生乔木则出现有花楸、硕桦；草本层出现了大花杓兰、类叶升麻、北重楼 *Paris verticillata* 等。喇叭沟门自然保护区植被的垂直分布见图2－3。

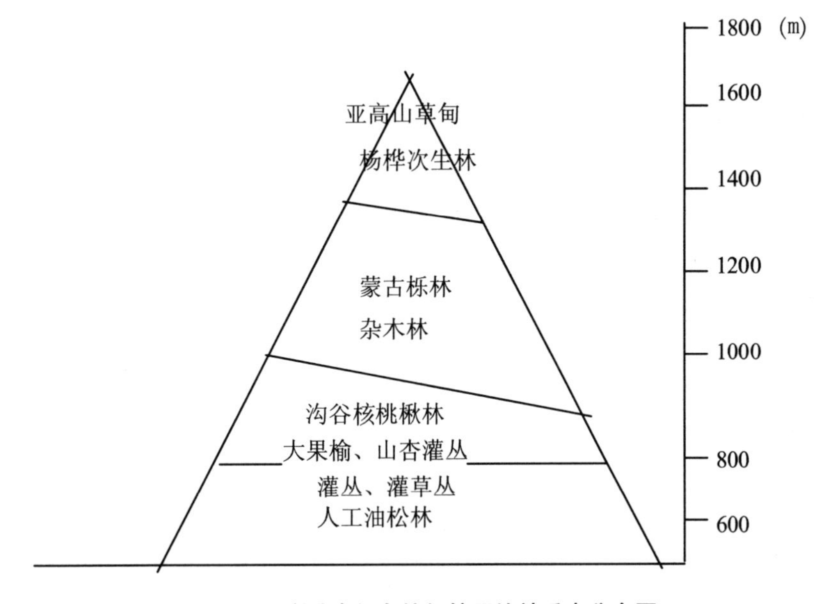

图2－3 喇叭沟门自然保护区植被垂直分布图

Figure2－3 Vertical distribution of vegetation in Labagoumen Nature Reserve

2.2.5.2 坡向对植被分布的影响

不同的坡向和地形从水分、光照因子上制约了群落的分布。核桃楸林仅分布于沟谷及山坡下部水分条件好的地段。水分条件较差的阳坡、半阳坡多为大果榆—山杏灌丛及荆条—酸枣灌丛占据，灌丛中的草本植物多为旱中生种类，如隐子草、远志、吉蒿 *Artemisia giraldii*、米口袋等。蒙古栎林分布于阴坡、半阴坡则树干通直高大，而在阳坡则树干低矮弯曲，林相不整齐，郁闭度小。杨桦次生林多出现在山地阴坡、半阴坡，林下草本以披针苔草、野青茅、东风菜 *Doellingeria scaber*、宽叶苔草、铃兰、舞鹤草等中生草类为主，覆盖度也较大。

2.3 植物资源及分布

2.3.1 植物资源概况

资源植物是指具有一定用途、尚未成为商品的植物，主要包括药用、食用、材用、芳香油、油料、鞣料、淀粉、纤维及具有其他用途的植物。森林中的植物资源不仅与人类现实生活有密切关系，而且在人类生产和生活的历史进程中起十分重要的作用。当资源植物一旦成为商品，即变为经济植物。经济植物的种类、数量及开发利用程度，直接影响着自然保护区内居民的收入，从而影响着整个地区经济的发展。

目前，国内外主要是根据经济植物资源的不同用途进行分类。根据该分类方法，将喇叭沟门自然保护区现有的660余种野生维管束植物中的经济植物资源分为9类，其中药用植物267种；食用植物73种，其中野菜类植物36种，野果植物共计有37种；观赏植物近百余种，其中具有较大观赏价值的植物45种；芳香植物26种；饲用植物61种；用材植物46种；油脂植物31种；淀粉植物31种；蜜源植物54种。

2.3.2 植物资源分类详述

2.3.2.1 药用植物

药用植物是指含有药用成分、具有医疗用途、可以作为植物性药物开发利用的植物，喇叭沟门的药用植物经调查统计有267种，其中较著名的有：五味子、黄檗、紫草、辽藁本、连翘、黄精、苦参、紫菀、升麻、柴胡、远志、苍术、杏仁、桔梗、防风、酸枣仁等。通过对该区植被样地调查资料的模糊聚类分析，和药用植物湿干重的测量，估算各药用植物储藏的数量及重量，根据各药材的收购价格估算各药用植物的价值。各主要药用植物的统计结果见表2-19。

表2-19 主要药用植物储量及价值统计表

Table 2-19 Statistics on reserves and value of officinal plants

植物名称	药用部位	单株药用部位干重（g）	储量（万株）	重量（万kg）	单价（元/kg）	总价（元）
阿尔泰狗哇花 *Heteropappus altaicus*	根	0.40	331.36	0.13		
艾蒿 *Artemisia argyi*	叶	1.65	1407.75	2.32	3.5	8.12
巴天酸模 *Rumex patientia*	根	24.60	5.86	0.14		
白花碎米荠 *Cardamine leucantha*	根茎		961.95			
白首乌 *Cynanchum bungei*	块根		122.69			
白头翁 *Pulsatilla chinensis*	根	1.98	6080.8	12.04	8	96.32
半夏 *Pinellia ternata*	块根		168.68			
北柴胡 *Bupleurum chinense*	根	1.11	9720.71	10.79	10	107.9

（续）

植物名称	药用部位	单株药用部位干重（g）	储量（万株）	重量（万 kg）	单价（元/kg）	总价（元）
贝加尔唐松草 *Thalictrum baicalense*	根	4.04	17.57	0.07		
蝙蝠葛 *Menispermum dauricum*	根茎	5.24	51.16	0.27		
苍术 *Atrachylodes lancea*	根	5.4	12160.81	65.67	5	328.35
糙苏 *Phlomis umbrosa*	全草、根		404.78			
草芍药 *Paeonia obovata*	根	9.82	58.57	0.57	8	4.56
草问荆 *Equiaetum pratense*	全草	1.69	2114.22	1.46		
草乌头 *Aconitum kusnezoffii*	块根	1.04	436.01	0.45	10	4.5
车前 *Plantago asiatica*	全草	5.48	71.9	0.39	7	2.73
穿山龙 *Dioscorea nipponica*	根	15.4	664.9	13.90	8.5	118.15
刺儿菜 *Cirsium setosum*	全草	4.15	175.42	0.73		
刺五加 *Acanthopanax senticosus*	茎皮	44	109.26			
翠菊 *Callistephus chinensis*	花、叶		366.65			
大丁草 *Leibnitzia anandria*	全草		2744.09			
大叶白蜡 *Fraxinus rhynchophylla*	茎皮	64.3	171.42	11.02	2.5	27.55
大叶小檗 *Berberis amurensis*	根皮	99	1559.34		3.5	
地梢瓜 *Cynanchum thesioides*	全草	7.55	980.55	7.4		
地榆 *Sanguisorba officinalis*	根	3.67	10203.73	37.45	7	262.15
东风菜 *Doellingeria scaber*	全草、根		108.47			
东亚唐松草 *Thalictrum minus* var. *hypoleucum*	根	4.63	10090.76	46.72		
短毛独活 *Heracleum moellendorffii*	根	1.37	187.73	27.00	11	29.7
对叶韭 *Allium victorialis* var. *listera*	鳞茎		283			
返顾马先蒿 *Pedicularis resupinata*	根	4.21	216.63	0.91		
防风 *Saposhnikovia divaricata*	根	3.56	2.85	0.01		
飞廉 *Carduus crispus*	全草、根	8.24	4.53	0.04		
高乌头 *Aconitum sinomontanum*	根茎	9.8	14.61	0.14		
狗哇花 *Heteropappus hispidus*	根	0.49	175.43	0.08		
鬼针草 *Bidens bipinnata*	全草		136.44			
过山蕨 *Camptosorus sibiricus*	根		1214.48			
红旱莲 *Hypericum ascyron*	全草	8.26	125.68	1.04		
黄花蒿 *Artemisia annua*	全草		2335.24			
黄精 *Polygonatum sibiricum*	根茎	12.6	1320.22	16.69		
黄芩 *Scutellaria baicalensis*	根	9.5	2238.6	21.27	12	255.24
火绒草 *Leontopodium leontopodioides*	全草		779.67			
藿香 *Agastache rugosa*	全草	24.3	17.6	0.43	9	3.87
鸡腿堇菜 *Viola acuminata*	全草	1.09	276	0.30		

（续）

植物名称	药用部位	单株药用部位干重（g）	储量（万株）	重量（万 kg）	单价（元/kg）	总价（元）
荚果蕨 *Matteuccia struthiopteris*	根状茎	18. 9	3060. 65	57. 85		
接骨木 *Sambucus williamsii*	茎皮	172	2. 85	0. 49		
桔梗 *Platycodon grandiflorus*	根	3. 99	445. 2	1. 78	9	21. 47
蕨 *Pteridium aquilinum* var. *latiusculum*	根状茎	12. 4	960. 71	11. 87		
蓝萼香茶菜 *Rabdosia japonica* var. *glaucocalyx*	全草	14. 6	7602. 54	111		
狼尾花 *Lysimachia barystachys*	根、茎	4. 51	279. 00	1. 26		
藜芦 *Veratrum nigrum*	鳞茎	9. 91	1671. 23	16. 5	6	164. 11
辽藁本 *Ligusticum jeholense*	根	2. 06	277. 3	0. 57		
林荫千里光 *Seargunensis nemorensis*	全草	20. 1	8. 55	0. 17		
铃兰 *Convallaria majalis*	全草		1621. 62			
柳兰 *Chamaenerion angustifolium*	茎、全草		35. 14			
龙须菜 *Asparagus schoberioides*	根		331. 51			
龙芽草 *Agrimonia pilosa*	全草		3589. 31			
葎草 *Humulus scandens*	全草	28. 5	92. 20	2. 62		
葎叶蛇葡萄 *Ampelopsis humulifolia*	根		517. 96			
萝藦 *Metaplexis japonica*	根		238. 99		8	
落新妇 *Astilbe chinensis*	全草	3. 52	23. 43	0. 082		
蔓出卷柏 *Selaginella davidii*	全草		518. 89			
毛茛 *Ranunculus japonicus*	全草	1. 98	3486. 44	6. 9		
莓叶委陵菜 *Potentilla fragarioides*	地上		2691. 93			
棉团铁线莲 *Clematis hexapetala*	根、叶	20. 3	8. 55	0. 17		
南牡蒿 *Artemisia eriopoda*	全草	5. 32	29. 28	0. 16		
牛耳草 *Boea hygrometrica*	全草		495. 84			
祁州漏芦 *Rhapnnticam uniflorum*	根	1. 99	1857. 47	27. 84	6	17. 04
茜草 *Rubia cordifolia*	根	1. 33	3417. 20	454		
墙草 *Parietaria micrantha*	全草	0. 1	3430. 56	0. 34		
曲枝天门冬 *Asparagus trichophyllus*	根	5. 12	2262. 08	11. 58		
热河黄精 *Polygonatum macropodium*	根		702. 19			
三褶脉紫菀 *Aster ageratoides*	根		185. 83			
扫帚苗 *Kochia scoparia* f. *trichophylla*	全草		77. 97			
山刺玫 *Rosa davurica*	果	10. 4	2. 85	0. 029		
山丹 *Lilium pumilum*	鳞茎		1881. 40			
山里红 *Crataegus pinnatifida* var. *major*	果		17. 57			
山萝花 *Melampyrum roseum*	全草		10373. 71			
山葡萄 *Vitis amurensis*	果		23. 43			

（续）

植物名称	药用部位	单株药用部位干重（g）	储量（万株）	重量（万 kg）	单价（元/kg）	总价（元）
山杏 *Prunus armeniaca* var. *ansu*	果仁	5. 99	4582. 86			
山楂 *Crataegus pinnatifida*	果实	31. 8	234. 71	7. 45	4	29. 8
升麻 *Cimicifuga dahurica*	根	18. 4	317. 66	5. 84	10	58. 4
石防风 *Peucedanum terebinthaceum*	根		70. 94			
石沙参 *Adenophora polyantha*	根	3. 96	395. 03	1. 56	8	12. 48
石竹 *Dianthus chinensis*	根	1. 99	1342. 42	2. 67	6	16. 02
鼠掌老鹳草 *Geranium sibiricum*	全草	7. 7	457. 47	3. 2		
水金凤 *Impatiens noli – tangere*	根、全草		965. 06			
水杨梅 *Geum aleppicum*	全草、根		473. 61			
松蒿 *Phtheirospermum japonicum*	根		1089. 52			
田旋花 *Convolvulus arvensis*	全草、根		404. 83		5	
铁苋菜 *Acalypha australis*	全草		5. 86			
透骨草 *Phryma leptostachya* var. *asiatica*	全草		35. 14			
菟丝子 *Cuscuta chinensis*	果实	3. 32	67. 47	0. 22	19	4. 18
瓦松 *Orostachys fimbriatus*	全草	3. 18	3829. 02	12. 18		
歪头菜 *Vicia unijuga*	全草		4417. 04			
委陵菜 *Potentilla chinensis*	全草	4. 04	12500. 44	50. 5		
卫矛 *Euonymus alatus*	栓翅枝		99. 56			
蚊子草 *Filipendula palmata*	全草		816. 73			
无梗五加 *Acanthopanax sessiliflorus*	茎皮	43. 9	25. 35	1. 11		
五味子 *Schisandra chinensis*	果实	6. 35	855. 06	5. 43	11	59. 73
西伯利亚远志 *Polygala sibirica*	根	0. 96	1623. 26	1. 56		
小叶白蜡 *Fraxinus bungeana*	茎皮	65. 7	70. 28	4. 62		
小玉竹 *Polygonatum humile*	根茎		38. 34			
野韭 *Allium ramosum*	鳞茎	1. 52	5. 14	0. 007		
异叶败酱 *Patrinia heterophylla*	根	3. 62	3033. 84	10. 98	4	43. 92
益母草 *Leonurus japonicus*	地上	15. 2	444. 42	6. 73	10	67. 3
荫生鼠尾草 *Salvia umbratica*	全草		81. 89			
银粉背蕨 *Aleuritopteris argentea*	嫩叶		3946. 16			
有斑百合 *Lilium concolor* var. *pulchellum*	鳞茎	0. 94	386. 94	0. 36		
玉竹 *Polygonatum odoratum*	根	12. 7	265. 90	3. 38	9	30. 42
远志 *Polygala tenuifolia*	根	0. 96	267. 64	0. 26	15	3. 9
展枝沙参 *Adenophora divaricata*	根		5966. 71			
紫草 *Lithospermum erythrorhizon*	全株	4. 94	623. 13	3. 08	8	24. 64
紫沙参 *Adenophora paniculata*	根	11. 5	329. 52	3. 78		
紫菀 *Aster tataricus*	根		2856. 51		7	

表2-19仅列出喇叭沟门自然保护区一部分储量大、药用价值较高的药用植物，按目前市场收购价格计算，前28种药材价值为1 802.61万元，其余部分药用植物未进行统计。尽管喇叭沟门自然保护区药用植物种类很多，但多数种类尚未得到开发，处于无人问津状态，实际上药材部门经常收购的药材仅有20多种，经调查统计，自然保护区药材收入每年仅为15.8万元左右，其开发潜力很大，可凭借有利的自然条件和人工栽培措施促进药用植物产业经济增长。

2.3.2.2 食用植物

食用植物是指植物的某些部位如根、茎、叶、花、果实或种子可以被人类食用的植物。在喇叭沟门自然保护区，食用植物主要可分为野菜类植物和野果类植物。

(1) 野菜类植物

野菜类植物是指植物体的幼苗或幼嫩茎叶或根茎可以食用的植物，经统计，喇叭沟门自然保护区有野菜类植物36种，其中储量较大及较为著名的种类主要有黄瓜香、猴腿蹄盖蕨、蕨、桔梗、紫菀、东风菜等，这些野菜植物不仅营养丰富，含有多种氨基酸和各种维生素，而且其生长环境远离工业三废及化学农药的污染，是具有地方特色的理想的保健食品。主要野菜植物种类及其储量可见表2-20。

表2-20 主要野菜植物统计表

Table 2-20 Statistics on reserves of edible plants

植物名称	食用部位	储量（万株）
白花碎米荠 *Cardamine leucantha*	幼苗	961.95
朝天委陵菜 *Potentilla supina*	嫩茎叶	438.51
车前 *Plantago asiatica*	幼苗	71.9
刺儿菜 *Cirsium setosum*	嫩茎叶	175.42
地肤 *Kochia scoparia*	嫩茎叶	77.97
鹅绒委陵菜 *Potentilla anserina*	嫩茎叶	242.7
反枝苋 *Amaranthus retroflexus*	嫩茎叶	58.61
附地菜 *Trigonotis peduncularis*	幼苗	97.46
茖葱 *Allium victorialis*	嫩茎叶	186.323
猴腿蹄盖蕨 *Athyriun multidentatum*	嫩茎叶	
鸡腿堇菜 *Viola acuminata*	幼苗	175
荚果蕨 *Matteuccia struthiopteris*	嫩茎叶	3060.65
桔梗 *Platycodon grandiflorus*	根茎	445.2
蕨 *Pteridium aquilinum* var. *latiusculum*	嫩茎叶	960.71
藜 *Chenopodium album*	幼苗、嫩茎叶	218.16
龙芽草 *Agrimonia pilosa*	嫩茎叶	3589.31
马齿苋 *Portulaca oleracea*	嫩茎叶	218.16
匍枝委陵菜 *Potentilla flagellaris*	嫩茎叶	2961.93
荠菜 *Capsella bursa-pastoris*	幼苗	129.03
荠苨 *Adenophora trachelioides*	幼苗	527.11

（续）

植物名称	食用部位	储量（万株）
球果焊菜 *Rorippa globosa*	嫩茎叶	71.33
山野豌豆 *Vicia amoena*	幼苗	1484.36
土三七 *Sedum aizoon*	根茎	6927.79
歪头菜 *Vicia unijuga*	幼苗	4417.04
委陵菜 *Potentilla chinensis*	嫩茎叶	236.12
问荆 *Equiaetum arvense*	嫩茎	140.52
小黄花菜 *Hemerocallis minor*	花	186.32
紫苜蓿 *Medicago sativa*	幼芽	

在喇叭沟门自然保护区野菜植物不仅种类丰富，储量大，而且有着培育繁殖的良好森林环境和广阔的市场前景，但是目前在对自然保护区野菜资源的合理开发利用方面尚无人问津。因此，扩大野菜植物资源，进行野菜类保健食品的开发与经营，为消费者提供当地特色的绿色食品，是增加经济收入的一条有效途径。

（2）野果类植物

野果植物指果实或种仁可以食用的森林植物，同野菜植物一样，野果植物不仅营养丰富，没有污染，而且风味独特，深受旅游者的青睐。喇叭沟门自然保护区野果植物共计有37种，主要种类有核桃楸、野核桃、毛榛、平榛、东北茶藨子、山楂、山荆子、山刺玫、牛迭肚、华北覆盆子、山葡萄、软枣猕猴桃等。其储量可见表2－21。

表2－21　野果植物种类及储量

Table 2－21　Statistics on kinds and reserves of fruit plants

植物名称	果实类型	储量（kg）
刺果茶藨子 *Ribes burejense*	浆果	750
大叶小檗 *Berberis amurensis*	浆果	
东北茶藨子 *Ribes mandshuricum*	浆果	14 480
核桃楸 *Juglans mandshurica*	坚果	3700
华北覆盆子 *Rubus idaeus* var. *borealisinensis*	聚合果	
鸡桑 *Morus australis*	聚花果	
毛榛 *Corylus mandshurica*	坚果	11 400
蒙桑 *Morus mongolica*	聚花果	
牛迭肚 *Rubus crataegifolius*	聚合果	14 000
欧李 *Prunus humilis*	核果	
秋子梨 *Pyrus ussuriensis*	梨果	23 500
软枣猕猴桃 *Actinidia arguta*	浆果	
山荆子 *Malus baccata*	梨果	610
山葡萄 *Vitis amurensis*	浆果	820
山杏 *Prunus armeniaca* var. *ansu*	核果	7580

（续）

植物名称	果实类型	储量（kg）
山楂 *Crataegus pinnatifida*	梨果	74 500
酸浆 *Physalis alkekengi* var. *franhceti*	浆果	
酸枣 *Ziziphus jujuba* var. *spsnosa*	核果	32 800
细叶小檗 *Berberis. poiretii*	浆果	
野核桃 *Juglans cathayensis*	坚果	940
平榛 *Corylus heterophylla*	坚果	2100
中国沙棘 *Hippophae rhamnoides* ssp. *sinensis*	浆果	

在野果植物资源中，榛子、毛榛、酸枣、山楂、山杏为当地居民的主要采摘、加工和销售对象，这些野果可为居民带来部分经济收入，但目前在自然保护区内对野果资源的开发利用存在着如下问题：①缺乏对野果资源开发利用的有效管理。没有适当的经营措施和盲目的开采，使有些野果植物资源遭到破坏，数量下降，野果的质量及产量也相应降低。如对毛榛，在果实尚未成熟时就提前抢收，造成果实质量下降，影响了销售价格；②对野果资源利用不足，一些资源白白浪费。如自然保护区的山楂，尽管产量很大，但绝大部分仍然在自生自灭，没有得到采摘加工。

在食用植物中，榛子每年可获利4.3万余元，酸枣、山楂及其他野果收入约1.4万元，蘑菇、木耳可收入44.4万元，其余种类多数分布零散，产量低，未能产生经济效益。野菜和野果食品无污染，营养丰富，可成为具有当地特色的绿色食品和旅游佳品，是吸引游客、增进收入的一条有效途径。

2.3.2.3 观赏植物

观赏植物是指可供庭园栽培观赏，或用作草皮绿篱，或作为切花、干花材料的植物种类。包括园林植物、花卉植物和绿化植物。根据植物形态特性，又可分为观花、观果、观叶、干姿、工艺、常绿等观赏类型。喇叭沟门的野生观赏植物资源经统计有百余种，主要种类见表2－22。

表2－22　野生观赏植物统计表

Table 2－22　Statistic on kinds and reserves of ornamental plants

植物名称	习性	用途	储量（万株）
白桦 *Betula platyphylla*	乔木	园林植物	
白头翁 *Pulsatilla chinensis*	草本	早春草花	6080.8
百花花楸 *Sorbus discolor*	乔木	园林植物	
北京丁香 *Syringa pekinensis*	乔木	园林花木	
草芍药 *Paeonia obovata*	草本	草花	58.57
大瓣铁线莲 *Clematis macropetala*	草本	草花	
大花剪秋罗 *Lychnis fulgens*	草本	草花	29.28
大花溲疏 *Deutzia grandiflora*	灌木	园林花木	3721.8
大叶龙胆 *Gentiana macrophylla*	草本	草花	

（续）

植物名称	习性	用途	储量（万株）
东陵八仙花 *Hydrangea bretschneideri*	灌木	园林花木	
返顾马先蒿 *Pedicularis resupinata*	草本	草本	216.63
风毛菊 *Saussurea japonica*	草本	草本	76.13
过山蕨 *Camptosorus sibiricus*	草本	盆景、假山	1214.48
红旱莲 *Hypericum ascyron*	草本	草本	225.68
红纹马先蒿 *Pedicularis striata*	草本	草花	
华北耧斗菜 *Aquilegia yabeana*	草本	草花	4594.21
黄连花 *Lysimachia davurica*	草本	草花	
黄芩 *Scutellaria baicalensis*	草本	草花	2238.6
金莲花 *Trollius chinensis*	草本	草花	
桔梗 *Platycodon grandiflorus*	草本	草花	445.2
蓝刺头 *Echinops latifolius*	草本	草花	
连翘 *Forsythia suspensa*	灌木	园林花木	
柳兰 *Chamaenerion angustifolium*	草本	草花	135.14
轮叶婆婆纳 *Veronicastrum sibiricum*	草本	草花	388.4
毛丁香 *Syringa puboscens*	灌木	园林花木	
南蛇藤 *Celastrus orbiculatus*	藤本	荫棚树	
祁州漏芦 *Rhapnnticam uniflorum*	草本	草花	1857.47
浅裂剪秋罗 *Lychnis cognata*	草本	草花	
球子蕨 *Onoclea interrupta*	草本	盆景、假山	
金花忍冬 *Lonicera chrysantha*	灌木	园林花木	
山荆子 *Malus baccata*	灌木	园林植物	
升麻 *Cimicifuga dahurica*	草本	草花	317.66
水金凤 *Impatiens noli - tangere*	草本	草本	965.06
香青兰 *Dracocephalum moldavica*	草本	草花	
小花溲疏 *Deutzia parviflora*	灌木	园林花木	5315.63
萱草 *Hemerocallis fulva*	草本	草花	
野鸢尾 *Iris dichotoma*	草本	草花	
叶底珠 *Securinega suffruticosa*	草本	园林植物	
银粉背蕨 *Aleueitopteris argentea*	草本	盆景	3946.16
映山红 *Rhododendron mucronulatum*	灌木	园林花木	447.2
照山白 *Rhododendron micranthum*	灌木	园林花木	6613.51
紫斑风铃草 *Campanula punctata*	草本	草花	
各种兰花	草本	草花	

喇叭沟门观赏植物种类多，储量大。每年旅游季节，区内繁花似锦，美不胜收，令游客们赏心悦目，流连忘返。观赏的野生植物是园林绿化、美化和进行野生花卉引种繁殖以及干花、切花的良好材料，有待于进一步研究开发利用。

2.3.2.4 芳香植物

芳香植物是指植物体器官中含有芳香油的一类植物，芳香植物广泛用于化妆品、食品饮料及医药行业中，喇叭沟门的野生芳香植物统计有26种，主要种类见表2-23。

表2-23 芳香植物资源统计表

Table 2-23 Statistics on kinds and reserves of aromatic plants

植物名称	习性	含芳香油部位	储量（万株）
薄荷 *Mentha haplocalyx*	草本	茎叶	8.33
侧柏 *Platycladus orientalis*	乔木	种子	77.1（hm^2）
黄檗 *Phellodendron amurense*	乔木		
黄花蒿 *Artemisia annua*	草本	全草	2335.24
藿香 *Agastache rugosa*	草本	茎叶	17.6
荆条 *Vitex negundo* var. *heterophylla*	灌木	花、叶	6505.51（丛）
铃兰 *Convallaria majalis*	草本	花	1621.62
牡蒿 *Artemisia japonica*	草本	全草	29.28
木本香薷 *Elsholtzia stauntoni*	草本	全草	52.71
山刺玫 *Rosa davurica*	灌木	花	2.85
石竹 *Dianthus chinensis*	草本	全草	1342.42
香薷 *Elsholtzia ciliata*	草本	全草	
茵陈蒿 *Artemisia capillaris*	草本	全草	5867.03
油松 *Pinus tabulaeformis*	乔木	针叶	860.8（hm^2）
紫穗槐 *Amorpha fruticosa*	灌木	种子	

芳香植物用途较为广泛。在喇叭沟门自然保护区，有些芳香植物种类分布广、储量大，很具有开发前途。目前仍缺乏研究与利用，处于自生自灭状态。

2.3.2.5 饲用植物

饲用植物是指直接或间接作为家畜、家禽或饲养动物、昆虫饲料的野生植物种类。喇叭沟门自然保护区的饲用野生植物经统计有61种，主要种类见表2-24。

饲用植物种类多、分布广，其中以禾本科和豆科植物种类最多，这些植物也是家畜、家禽、经济动物或昆虫尤为偏爱的优良牧草或饲料。合理利用本地牧草资源，积极开展经济动物的养殖，是增加居民收益的一条可行之路。目前在喇叭沟门自然保护区，养殖业年产值为344.6万元。由于养殖结构不合理，经济附加值低，总体上既没有给本地居民带来较好经济效益，又对自然保护区的植被构成一定破坏，还污染了环境，因此，如何协调解决养殖、放牧与环保之间的关系，在喇叭沟门自然保护区尤为重要。

表 2-24　饲用野生植物统计表

Table 2-24　Statistics on kinds of feeding plants

植物名称	科名	植物名称	科名
长叶铁扫帚 *Lespedeza caraganae*	豆科	狗尾草 *Setaria viridis*	禾本科
达乌里黄耆 *Astragalus dahuricus*	豆科	虎尾草 *Chloris virgata*	禾本科
胡枝子 *Lespedeza bicolor*	豆科	荩草 *Arthraxon hispidus*	禾本科
黄香草木犀 *Melilotus officinalis*	豆科	赖草 *Leymus secalinum*	禾本科
假香野豌豆 *Vicia pseudo - orobus*	豆科	毛马唐 *Digitaria ciliaris*	禾本科
天蓝苜蓿 *Medicago lupulina*	豆科	披硷草 *Elymus dahuricus*	禾本科
歪头菜 *Vicia unijuga*	豆科	蟋蟀草 *Eleusine indica*	禾本科
紫苜蓿 *Medicago sativa*	豆科	羊草 *Leymus chinensis*	禾本科
紫穗槐 *Amorpha fruticosa*	豆科	野青茅 *Calamagrostis arundinacea*	禾本科
白草 *Pennisetum flaccidum*	禾本科	远东芨芨草 *Achnatherum extremiorientalis*	禾本科
白羊草 *Bothriochloa ischaemum*	禾本科	刺儿菜 *Cirsium setosum*	菊科
稗 *Echinochloa crusgalli*	禾本科	山莴苣 *Lactuca indica*	菊科
北京隐子草 *Cleistogenes hancei*	禾本科	藜 *Chenopodium album*	藜科
草地早熟禾 *Poa pratensis*	禾本科	马齿苋 *Portulaca oleracea*	马齿苋科
丛生隐子草 *Cleistogenes caespitosa*	禾本科	宽叶苔草 *Carex siderosticta*	莎草科
大叶章 *Calamagrostis purpurea*	禾本科	披针苔草 *Carex lanceolata*	莎草科
大油芒 *Spodiopogon sibiricus*	禾本科	鸭跖草 *Commelina communis*	鸭跖草科
多叶早熟禾 *Poa plurifolia*	禾本科	菹草 *Potamogeton crispus*	眼子菜科

2.3.2.6　材用植物

材用植物是指可以利用木材的乔木和灌木树种。材用植物可作为建筑、家具、工具柄和其他方面的用材。喇叭沟门自然保护区的材用植物经统计共有 46 种，主要材用植物种类统计见表 2-25。

材用植物中，以蒙古栎、山杨、白桦、油松、侧柏、华北落叶松蓄积量最大，是保护区内几个主要植物群落的建群种。群落中的核桃楸、黄檗、紫椴等都为优良的用材树种。尽管自然保护区活立木价值高达 4 126.5 万元，但作为密云水库上游水源涵养林和水土保持林，也是北京地区面积最大的天然次生林而具有重要的生态功能和科研价值，木材的开采只能受到限制，1998 年以前每年计划采伐 540m^3，价值 10.8 万元，目前已完全禁止采伐。但是对部分林分采取合理的抚育间伐，既能对林木的生长有促进作用，又可获得一定量的木材，因此很有必要。

表 2-25　材用植物经统计表

Table 2-25　Statistics on kinds and reserves of timber plants

植物名称	习性	蓄积量（m^3）
白桦 *Betula platyphylla*	乔木	7695
北京杨 *Populus beijingensis*	乔木	

（续）

植物名称	习性	蓄积量（m³）
侧柏 *Platycladus orientalis*	乔木	243
稠李 *Prunus padus*	灌木	
刺槐 *Robinia pseudoacacia*	乔木	
大果榆 *Ulmus macrocarpa*	灌木	
大叶白蜡 *Fraxinus rhynchophylla*	灌木	
旱柳 *Salix matsudana*	乔木	
核桃楸 *Juglans mandshurica*	乔木	
黑桦 *Betula dahurica*	乔木	
槲栎 *Quercus aliena*	乔木	
槲树 *Quercus dentata*	乔木	
华北落叶松 *Larix principis – rupprechtii*	乔木	1185
黄檗 *Phellodendron amurense*	乔木	
坚桦 *Betula chinensis*	乔木	
糠椴 *Tilia mandshurica*	乔木	
裂叶榆 *Ulmus laciniata*	乔木	
蒙椴 *Tilia mongolica*	乔木	
蒙古栎 *Quercus mongolica*	乔木	152 703
山杨 *Populus davidiana*	乔木	49 844
小叶白蜡 *Fraxinus bungeana*	灌木	
野核桃 *Juglans cathayensis*	乔木	
油松 *Pinus tabulaeformis*	乔木	20 967
紫椴 *Tilia amurensis*	乔木	

2.3.2.7 油脂植物

油脂植物是指植物体果实、种子或其他部位含有油脂的植物，油脂是人类食物的主要营养物质之一，也是工业上的重要原料。喇叭沟门自然保护区野生油脂植物经统计有31种，主要种类见表2－26。

表2－26 野生油脂植物统计表

Table 2－26 Statistics on kinds and reserves of oil plants

植物名称	习性	含油部位	含油量（%）	储量（万株）
白桦 *Betula platyphylla*	乔木	种子	11.4	
苍耳 *Xantnium sibiricum*	草本	种子	21～42	
叉分蓼 *Polygonum divaricatum*	草本	种子	8	
臭椿 *Ailanthus altissima*	乔木	种子	37～51	
核桃楸 *Juglans mandshurica*	乔木	种子	40～50	
荆条 *Vitex negundo* var. *heterophylla*	灌木	种子	26	

（续）

植物名称	习性	含油部位	含油量（%）	储量（万株）
葎草 *Humulus scandens*	藤本	种子	22～27	
毛榛 *Corylus mandshurica*	灌木	种仁	63.7	14 820.05
南蛇藤 *Celastrus orbiculatus*	藤本	种子	51	
锐齿鼠李 *Rhamnus arguta*	灌木	种子	26	
沙棘 *Elaeagnus hippophae*	灌木	种子		
山杏 *Prunus armeniaca* var. *ansu*	灌木	种仁	49	
水棘针 *Amethystea caerulea*	草本	种子	22～27	
卫矛 *Euonymus alatus*	灌木	种子	44～47	
小叶鼠李 *Rhamnus parvifolia*	灌木	种子	26	
野大豆 *Glycine soja*	草本	种子	18～22	
榆 *Ulmus pumila*	乔木	种子	25.5	
榛 *Corylus heterophylla*	灌木	种仁	51.6	3650.13

野生油脂植物中，有些种类含有多种营养丰富的不饱和脂肪酸，对预防和治疗肥胖症及心脑血管疾病很有裨益。保护区内野生油脂植物较为丰富，有些种类储量较大，如山杏、毛榛等，可进行适当的开发加工，为产区获取经济效益。

2.3.2.8 淀粉植物

淀粉广泛分布于植物果实、种子、根、茎等部位，其用途也极为广泛，在食品、粘接剂、造纸、纤维和其他工业领域广为利用。喇叭沟门自然保护区淀粉植物经统计有31种，野生淀粉植物除蒙古栎外，其他种类数量少、储量低，尚未开发。主要种类见表2－27。

表2－27 淀粉植物统计表

Table 2－27 Statistics on kinds and reserves of starchy plants

植物名称	习性	含淀粉部位	含淀粉量（%）	已知用途
稗 *Echinochloa crusgalli*	草本	种子	45～52	饲料
穿山龙 *Dioscorea nipponica*	藤本	块根	41～49	酿酒
杜梨 *Pyrus betulifolia*	乔木	果实		
槲栎 *Quercus aliena*	乔木	果实		酿酒、饲料
槲树 *Quercus dentata*	乔木	果实		酿酒、饲料
蕨 *Pteridium aquilinum* var. *latiusculum*	草本	块根	26～40	可食
毛榛 *Corylus mandshurica*	灌木	果实	20	食用
蒙古栎 *Quercus mongolica*	乔木	果实	55	酿酒、饲料
米口袋 *Gueldenstaedtia multiflora*	草本	根	35	酿酒
绵马鳞毛蕨 *Dryopteris crassirhizoma*	草本	块根		食用
猕猴桃 *Actinidia arguta*	藤本	果实		食用
沙棘 *Elaeagnus hippophae*	灌木	果实		

（续）

植物名称	习性	含淀粉部位	含淀粉量（%）	已知用途
歪头菜 *Vicia unijuga*	草本	种子	40	酿酒、饲料
榆 *Ulmus pumila*	乔木	果、树皮		制醋
玉竹 *Polygonatum odoratum*	草本	块根	25～30	酿酒、食用
榛 *Corylus heterophylla*	灌木	果实	15	食用

2.3.2.9 蜜源植物

蜜源植物是指为饲养蜜蜂提供花蜜的植物。喇叭沟门自然保护区可作为蜜源的植物种类经统计有54种，主要见表2－28。

表2－28 蜜源植物统计表

Table 2－28 Statistics on kinds and reserves of honey plants

植物名称	习性	储量（万株）
板栗 *Castanea mollissima*	乔木	0.62
刺槐 *Robinia pseudoacacia*	乔木	374.4
东风菜 *Doellingeria scaber*	草本	108.47
杜梨 *Pyrus betulifolia*	乔木	
胡枝子 *Lespedeza bicolor*	灌木	12 624.33（万丛）
黄花蒿 *Artemisia annua*	草本	2335.24
藿香 *Agastache rugosa*	草本	17.6
荆条 *Vitex negundo* var. *heterophylla*	灌木	6505.51（万丛）
糠椴 *Tilia mandshurica*	乔木	
苦参 *Sophora flavescens*	灌木	
葎草 *Humulus scandens*	藤本	92.2
栾树 *Koelreuteria paniculata*	乔木	
蒙椴 *Tilia mongolica*	乔木	
木本香薷 *Elsholtzia stauntoni*	草本	52.71
山桃 *Prunus davidiana*	灌木	
山杏 *Prunus armeniaca* var. *ansu*	灌木	4582.86
山楂 *Crataegus pinnatifida*	乔木	234.71
酸枣 *Ziziphus jujuba* var. *spinosa*	灌木	1887.96
天蓝苜蓿 *Medicago lupulina*	草本	
益母草 *Leonurus japonicus*	草本	444.42
远志 *Polygala tenuifolia*	草本	267.64
紫椴 *Tilia amurensis*	乔木	

喇叭沟门自然保护区野生蜜源植物中，有些种如荆条、酸枣、山杏等分布面积广，花期长，酿造蜜质优良。蜜源植物除了野生植物外，还包括一些大面积种植的农作物，

发展养蜂业，在喇叭沟门自然保护区具有蜜源充足，采蜜期长，又远离工业污染，蜜质优良的优势，因而具有广阔的发展前景。养蜂所需资金、劳动力少，不占用耕地，适合该区发展经济的需要。

2.3.3　植物资源开发利用与保护

丰富的植物资源和科学的开采利用方式是实现资源可持续利用的前提，针对喇叭沟门自然保护区生态经济发展的需要和植物资源现状，提出如下开发利用意见及保护措施。

（1）加强对濒危物种的保护

从20世纪60年代至今，喇叭沟门自然保护区维管束植物本地消失种已达13种，目前另有14种处于极危状态，36种处于濒危状态，这些消失的或处于消失边沿的物种，大多具有重要的经济价值。栖息地丧失或人为过度采挖是造成这些物种濒危或消失的主要原因，因此，加强对濒危物种栖息地的保护，是实现资源永续利用的前提。

喇叭沟门自然保护区面积较为广阔，地带性植被类型保存相对完整，通过保护区的建立，实行切实有效的管理措施，基本上能够满足对该区绝大多数植物物种，尤其是珍稀濒危物种的保护需要。因此对该区物种的保护应以保护区范围内的就地保护为主，将苗圃、珍稀濒危物种园、保护点等作为某些特殊和濒危物种的辅助保护手段。同时对于受到破坏的植被和荒山荒地，进行封山育林，植树种草，扩大物种的栖息环境，增加资源的蕴藏量。

（2）加强对植物资源开采利用的管理

——制订严格的资源开采利用和保护管理规章制度及有关条文，控制人为活动对物种资源和林地环境的破坏；限制居民的生产经营方向与活动范围，限定旅游景点范围及路线，加强林地环境及植物资源的管理，对于违犯者予以追究惩处。

——限制药材和其他经济植物种类的采挖范围及强度，实行划区采挖、定期轮挖等措施。

——加强对生物多样性及环境保护的宣传教育。通过在生物多样性博物馆、濒危植物园、夏令营地、旅游景区的宣传教育和利用报纸、广播、电视、科教片、布告、标语、图画等宣传媒介，加强对自然保护区居民及游客对环境及物种保护知识的普及教育和法规、政策的学习，促进其文化素质及保护意识的提高。

——展开对物种尤其是珍稀濒危物种种群变化的动态检测，建立物种多样性信息系统（物种、生态系统及遗传资源信息数据库），长期监测、适时评估物种的濒危状况及演替趋势。

2.4　植物濒危状况与优先保护分析

2.4.1　植物濒危研究现状及存在问题

对物种濒危状况的评价是由定性向定量方向逐渐发展的。最早的评价可追溯到1942年和1945年美国国际野生动物保护委员会分别出版的关于绝灭与濒于绝灭的旧大陆与新大陆哺乳动物两本书。1966年国际自然与自然保护联盟（IUCN）相继出版了一系列濒危物种的红皮书和红色名录，其中的濒危物种的等级标准得到了国际社会的广泛承认（Magurram，1988）。近30年来，这些标准被IUCN组织和包括我国在内的许多国家和地区广泛应用，并出版了一系列各自国家、地区的红皮书和保护植物名录（Lubchenco J et al，1991；生物多样性公约指南，1997；Wilson et al，1988）。但从总体上看，各国的物种濒危评价标准差异还是较大的，表现在等级体系混乱和标准的不统一，另一方面，由于评级标准多采用了概念性的定义描述，缺乏数量化的指标，具有相当程度的模糊性和主观性，在应用时也难以掌物（Groombridge B，1992），这不仅给国家、地区之间的交流带来不便，也未能够充分促进濒危物种的保护。鉴于此，1994年IUCN组织制定并通过了《国际濒危物种等级新标准》，“新标准”突出强调了评价指标的数量化和具体化，以便易于掌握。尽管如此，在研究中发现应用该标准对喇叭沟门自然保护区植物受危状况的评定时，仍存在着一定程度的缺陷，主要表现为：①缺乏将各种影响因子结合起来全面反映物种受威胁状况的综合性指标；②有些指标在实际应用中难以操作；③根据单一指标确定的濒危等级仍具有片面性等。总之，照搬这些标准还难以非常准确地反映物种的受威胁状况。

对物种保护级别的确定，目前在世界范围内还没有统一的标准，各个国家和地区在确定其物种保护级别时主要是从物种濒危程度和物种遗传价值、经济价值的角度去考虑的（Vitousek P M，1986）。由于评价标准不一，方法不同，结果也不可能一致，如《世界自然保护联盟大纲》对物种的保护优先考虑了保护遗传的多样性，从物种损失的急切性顺序和遗传损失的大小而排列了受威胁种的优先保护次序，我国则将需重点保护的物种主要从科学意义上和经济意义上划分为3个保护级别（于丹，1998）。由于保护级别的确定依赖于对物种濒危状况的评价，而对物种濒危状况的评价，世界各国主要依据IUCN标准（Lubchenco J et al，1991；生物多样性公约指南，1997；Wilson et al，1988），由于该标准采用了定性的方法，在评价中存在着相当程度的模糊性、主观性和不全面性（Magurram，1988；Groombridge B，1992），评价的结果往往不是很准确，因此而造成对物种保护级别的确定也具有主观性。引发的后果是：一方面对某些濒危物种保护级别的确定不当，据此而采取的不合理的保护措施造成一些濒危物种的灭绝；另一方面，对某些相对安全的物种没有确定保护级别，没有引起足够的重视，使该物种也步入了濒危灭绝者之列。

近年来，Perring（牛文元，1987）、许再富等人（Groombridge B，1992；Vitousek，1986；Ehrlich，1988）尝试在物种濒危评价中将各指标分级、量化和赋分，然后计算各指标的综合效应——濒危系数。通过濒危系数可以对不同地区范围的物种从定量上进行濒危状况评价。这种方法较为客观地反映了各指标的综合影响，但也有其缺点，首先缺乏一套完整的评价一个地区所有物种濒危状况的等级体系，其次应用濒危系数不能清晰明确地反映物种受威胁的主要原因，故在濒危系数指标的选择上也有一些值得探讨之处。

在对物种保护级别的研究中，Perring、许再富等通过计算急切保护值的大小对区域性受威胁植物、药用植物的濒危状况和保护级别做了定量评价，认为这种方法是可取的，但在对一个地区范围内全部物种保护级别的确定中，其评价指标和评价体系仍然有失完整与准确，同时对遗传价值较低的濒危物种评定级别降低，导致对其保护不力。

在对喇叭沟门自然保护区物种濒危原因调查分析的基础上，借鉴上述研究方法，将物种濒危系数和急切保护值的各项评价指标进行分析、筛选，计算各物种的濒危系数和急切保护值；通过参考 IUCN 的评价标准，依据濒危系数、急切保护值和其他相关指标建立喇叭沟门自然保护区植物物种濒危状况与保护级别的评价体系，以期为该自然保护区物种多样性保护和自然保护区的可持续发展提供依据。

2.4.2　濒危状况分析方法

2.4.2.1　物种及植被调查

物种及植被调查应用线路调查和临时样地方法，对全区植被及物种资源进行了多次不同季节的全面调查，并对药用植物和其他经济植物进行了专项调查。根据记录和采集到的标本对物种进行编目；利用样地调查资料、森林小班卡和林相图，采取模糊聚类方法将林地分类，计算并汇总各物种分布多度；根据专项调查统计、估算各物种的消耗强度。

2.4.2.2　指标的计算

（1）濒危系数的计算

根据喇叭沟门自然保护区物种生存的影响因子确定濒危系数的评定指标，对各指标量化分级和打分，由公式（1）计算各物种的濒危系数（薛达元等，1991；许再富等，1987；姚振生等，1997）。

$$C_{濒} = \sum_{i=1}^{9} X_i \Big/ \sum_{i=1}^{9} X_{Max_i} \tag{1}$$

（2）物种濒危等级的确定

参考 IUCN“新标准”，根据喇叭沟门自然保护区实际情况和物种濒危系数，建立物种濒危状况评价体系，确定各个物种的濒危程度。

（3）遗传损失系数的计算

各物种遗传损失系数的大小根据公式（2）进行计算（Nilsson，1983；薛达元等，1991）：

$$C_{遗} = \sum_{i=1}^{3} X_i \Big/ \sum_{i=1}^{3} X_{Max_i} \tag{2}$$

其中 $C_{濒}$ 为遗传损失系数，X_i 为某物种第 i 个指标中的分值，X_{Max_i} 为第 i 个指标的最高分值。

（4）急切保护值的计算

根据保护目的确定自然保护区物种急切保护值的评定指标，应用公式（3）计算各物种的急切保护值（Nilsson，1983；薛达元等，1991）：

$$V_{急} = 0.75C_{濒} + 0.25C_{遗} \tag{3}$$

其中 $C_{濒}$ 为濒危系数，$C_{遗}$ 为遗传损失系数，0.75 与 0.25 为急切保护值计算中 $C_{濒}$ 与 $C_{遗}$ 分配系数。

（5）优先关注级别的确定

根据濒危状况评定结果和急切保护值建立物种保护级别的确定体系，对喇叭沟门自然保护区各物种的急切保护程度（优先关注级别）做出评价。

2.4.3 植物濒危程度评价

2.4.3.1 物种濒危原因分析

Souid 和 Simberloff（Souid M E，Simberloff D，1986）把导致物种濒危乃至灭绝的因素分为外因和内因两方面。内因在于物种生态位的大小，即生物（个体、种群或群落）对生态环境条件适应性的总和，不同物种在进化过程中形成了自身结构、时间、空间上和环境条件各异的生态位，使其适应性各不一致，表现在分布区范围和分布频率上的差异，从这种表现结果又可以在一定程度上推测物种对外界因素抵抗力或适应性的大小；而外因可分为自然因素和人为因素，自然因素包括环境变化、气候变迁、自然灾害和生物竞争等方面。物种受单纯的自然因素作用的表现为：地理分布区域或生境狭窄或零散分布于较大范围，这些物种通常表现为生物学上的脆弱性，难以适应环境的变化（许再富等，1987）。人为因素包括森林砍伐、开荒、放牧、采挖药材和农业生产、旅游等方面，它直接作用于物种或通过改变生态环境（生境）来间接影响物种的种类、数量及分布范围。仅由自然因素引起的物种稀有并不完全意味着物种的濒危或迅速灭绝（许再富等，1987），但人为因素的影响，则导致和加速了物种走向濒危、灭亡的速度。通常的情况是在不同的地区和不同的生态条件下，各种生态位不同的物种受到人为和自然因素两方面的影响各异。在人口密集、对自然资源或环境影响较大的地区，物种的濒危、灭绝主要受人为因素影响，而人烟稀少、相对偏僻的地区则主要受自然因素的影响。也就是说，不同地区物种受威胁的各种影响因子所起作用的大小不同，这样在确定某个地区物种的濒危系数评价指标和建立濒危标准时，只有从地方实际情况出发，才能做出合理选择。

2.4.3.2 濒危系数的指标确定及计算

许再富认为，物种在走向濒危乃至灭绝的过程中表达出的受威胁信息可以从自身的个体生态、种群动态和群落生态几方面体现出来。因此，在确定物种濒危系数评定指标时，许多人主要选择了国内分布区频度、地区分布频度、地区分布多度、种群消失速率、种群确限度、种群结构等几个指标（Groombridge B，1992；Vitousek P M，1986；Ehrlich P R，1988），通过对这几个指标的定量评分，综合求出各物种的濒危系数。

通过研究认为，以上几个指标主要体现了内在因素、自然因素和部分长期人为因素对物种的影响。在喇叭沟门自然保护区，现存物种的受威胁程度主要取决于目前存在的物种其受危原因更主要决定于近期人为活动的影响，这种影响主要源于物种利用价值属性和对其破坏程度、保护措施以及生境安全度等方面。因此，通过对物种利用价值高低、被破坏强度、保护措施以及生境安全度这几方面状况的评定，可以更客观地反映近期人为因素对自然保护区物种的影响、潜在影响和物种受威胁程度及发展趋势。根据分析和筛选，将喇叭沟门自然保护区物种濒危系数的评定因子及其分级分值设定如下：

①国内分布频度：根据某种植物在全国范围内分布省区的数量来评定。1 省分布，5 分；2 ~ 3 省分布，4 分；4 ~ 6 省分布，3 分；7 ~ 10 省分布，2 分；10 省以上分布，1 分。

②北京地区分布频度：根据某物种在北京地区分布的区、县数量评定，小于3个区县，5分；3～5个区县，4分；6～9个区县，3分；10～15个区县，2分，大于15个区县，1分。

③自然保护区内分布频度：该指标反映了物种在自然保护区内的分布范围和适应性大小，根据野外调查中各个物种在64个不同调查地点出现情况去评定：5分，出现地点数1～5个；4分，出现地点数6～15个；3分，出现地点数16～30个；2分，出现地点数31～50个；1分，出现地点数51～64个。

④自然保护区内分布多度：应用样地调查资料结合自然保护区小班资料对各类群落进行模糊聚类和面积统计，估算自然保护区各物种的分布数量，根据数量的多少而评分。木本植物和草本植物多度分级及分值设定如表2－29（薛达元等，1991；姚振生等，1997）。

表2－29　植物多度分级评分

Table 2－29　The gradifications and scores of plant abundance

分值设定	木本植物（株）	草本植物（株/丛）
5	1～5	1～50
4	6～20	51～200
3	20～100	201～1000
2	101～1000	1001～10 000
1	1001～10 000	>10 000

⑤药用价值：药用价值只是物种利用价值的一个方面，利用价值主要指能够为当地居民带来经济收益的多少，或在居民的日常生活及生产活动中用途大小的直接利用价值。一个物种如果具有较高的利用价值，往往容易被开采、破坏，从而导致濒危、灭绝，如有些珍贵药材，一旦其特殊的药用价值被发现，在高额经济收益的驱动下，对其采挖有时存在着"一哄而起，一网捕尽"的情况，即使分布范围再广、种群数量再大，也存在着采尽挖绝的可能。因此认为，利用价值是评定濒危系数的最基本指标之一。由于药用植物是一种特殊的经济植物，相对于其他用途的物种更容易受到破坏而导致濒危灭绝（汪年鹤等，1992），因此，在评价植物利用价值大小时，根据用途从药用价值和非药用价值两方面进行评价。对药用植物价值大小的分值设定，借鉴汪年鹤、薛达元的评分体系，并稍做修改：《中国药典》收载的常用种类、具特殊药用价值，5分；《中药志》收载的常见种类、具1种以上使用价值，4分；《中药志》收载的非常用种类，地方标准收载的常见种类、已形成商品的重要民间草药，具2种药用价值，3分；一般民间草药，具1种药用价值，2分；非药用植物，1分。

⑥非药用价值：非药用价值也主要指直接使用价值，表现为：观赏、绿化美化、用材、薪材、牧草和其他用途（在此项标准中不考虑遗传及育种价值，在该区此因素影响很小，在优先关注级别的评定中作为急切保护值的评价指标）。分值设置为：具有重要观赏植物、重要用材或绿化植物、重要的食用野果或野菜、重要牧草、薪材或其他重要原料植物中3项或以上价值的植物，5分；具有3种以下上述重要用途的植物，4分；具有3种及以上上述普通价值的植物，3分；具有3种以下上述普通价值的植物，2分；

直接利用价值不大的植物，1 分。

⑦消耗强度：消耗强度指对某种植物的开发利用及放牧、病虫害和其他因素引起的数量减少程度。因为种群消失速率指标的评定需要近 10 年或更长时间段物种的消失数量，而喇叭沟门自然保护区缺乏这方面充足可靠的数据，因此，用近几年各物种资源的消耗强度取而代之进行评定。消耗强度直接影响着物种的生存或灭绝的趋势，故应用这个指标更能及时准确反映当前物种种群数量的变化。本文根据野外调查中掌握的目前各个植物被消耗数量与分布总量之比进行消耗强度的计算。消耗数量包括药用、食用、观赏植物的采挖及用材树种的砍伐量。分级及分值设定参照 IUCN 的种群减少速率标准（解焱等，1995）：消耗率在 0.35 以上，5 分；消耗率 0.30 ~ 0.35，4 分；消耗率0.20 ~ 0.30，3 分；消耗率 0.05 ~ 0.20，2 分；消耗率小于 0.05，1 分。

⑧保护状况：保护状况的不同，对植物数量、分布的影响也不相同，作为密云水库上游的水源涵养林区，喇叭沟门自然保护区植物的保护，主要是从生态效益、社会效益方面考虑，因而侧重于对构成林分的乔木和部分灌木树种的保护，而对草本植物尚无保护措施，保护方式也仅限于就地保护，尚未涉及到其他方式。对物种保护状况的分值设置为：未受保护，存在严重人为破坏，5 分；未受保护，存在较严重人为破坏，4 分；未受保护，存在轻微人为破坏，3 分；受到普通保护，存在轻微人为破坏，2 分；受到严格保护，无人为破坏现象，1 分。

⑨生境安全度：生境安全度即各物种生长环境距离人为活动范围的远近不同而受到干扰的强弱。如果生境安全度不同，即使采取相同的保护措施，物种的受破坏程度也不相同。在喇叭沟门自然保护区，生境受人为干扰的强弱是植物濒危的一个重要影响因素，因此对生境安全度分值的设置应考虑到与当地居民区、旅游路线、旅游景点远近；考虑到放牧、采挖、践踏等人为干扰因素；考虑到泥石流、洪水等自然灾害因素。具体分值设置如下：物种生境的 4/5 以上在人为影响范围之内，5 分；物种生境的 3/5 ~ 4/5 在人为影响范围之内，4 分；物种生境的 2/5 ~ 3/5 在人为影响范围之内，3 分；物种生境的 1/5 ~ 2/5 以下在人为影响范围之内，2 分；物种生境 1/5 以下范围受人为影响，1 分。

通过各评价指标的分析选择和赋分，应用公式（1）可计算出各物种濒危系数。

2.4.3.3　植物濒危等级及评定标准的制订

根据喇叭沟门自然保护区植物物种分布频度（按调查时的 64 个地点中，某物种出现的次数反映其分布频度）、生境特异性大小、成熟个体数量、利用价值高低和濒危系数计算结果，建立喇叭沟门自然保护区植物物种濒危状况评价体系，该体系包括如下 7 个等级：消失种、极危种、濒危种、渐危种、敏感种、安全种和未评估种，各等级的评价标准如下：

①消失种：20 世纪 60 年代调查时尚有分布（贺士元等，1993），但本次调查没有采到，尤其是依据该物种的生活史和资料记载的分布地点，不同时间内反复寻找后仍未发现的种，划分为消失种，濒危系数大于 0.80。未采用国际标准中“灭绝种”（解焱等，1995）这一等级术语的原因：一是有的种即使本区消失，但与之接壤的周围地区仍有可能存在；二是确定一个种是否灭绝需要多年调查资料，还须进一步调查确认。

②极危种：分布范围极狭窄，仅在 1 ~ 2 个调查地点有分布，生长环境极为特殊，

种群成熟个体数量少于10，具较高经济价值，自然繁殖困难，受人为活动影响，数量仍在逐年减少，濒危系数大于0.78。

③濒危种：分布范围狭窄，仅在3~5个调查地点有分布，生长环境特殊，成熟个体数量少于50，分布零散，自然繁殖较困难，具较高的经济价值，目前受外界影响，数量趋于下降，濒危系数0.69~0.78。

④渐危种：分布范围较狭窄，在6~15个调查地点有分布，生长环境较特殊，成熟个体数量少于1000，自然繁殖较容易，具有一定的经济价值，受人为影响，个体数量减少，濒危系数0.60~0.68。

⑤敏感种：分布范围较宽，在16~30个调查地点有分布，生长环境较一般，成熟个体数量较多，约在1000~15 000以内，自然繁殖较容易，多具一定的经济价值，目前开发或破坏强度较大，对种群繁衍构成威胁，需予关注，濒危系数0.50~0.59。

⑥安全种：分布范围宽，在30个以上调查点有分布，生长环境一般，个体数量多，约在15 000以上，自然繁殖容易，多数利用价值较低，濒危系数小于0.50。

⑦未评估种：属人工引进栽培的果树、药材等经济植物，数量较少，未根据以上标准进行评估，称为未估价种。

根据以上标准对保护区内全部维管束植物进行濒危状况评价，结果见表2-30。

表2-30 喇叭沟门自然保护区维管植物濒危状况评价

Table 2-30 The valuation of endangered plants in Labagoumen Nature Reserve

濒危等级	各等级物种数量	代表植物	濒危系数
消失种	13	金莲花 *Trollius chinensis*	0.91
		小阴地蕨 *Botrychium lunaria*	0.82
		银线草 *Chloranthus japonicus*	0.84
		獐牙菜 *Swertia erytthrosticta*	0.84
极危种	14	白花木本香薷 *Elsholtzia stauntinii* f. *albiflora*	0.91
		华忽布 *Humulus lupulus* var. *cordifolius*	0.89
		山葡萄 *Vitis amrensis*	0.84
		白花华北蓝盆花 *Scabiosa tschiliensis* f. *albiflorida*	0.84
		软枣猕猴桃 *Actinidia arguta*	0.82
极危种	14	黄檗 *Phellodendron amurense*	0.82
		刺五加 *Acanthopanax senticosus*	0.80
		连翘（野生） *Forsythia suspensa*	0.80
濒危种	36	野核桃 *Juglans cathayensis*	0.78
		草芍药 *Paeonia obovata*	0.76
		升麻 *Cimicifuga dahurica*	0.76
		绶草 *Spiranthes sinensis*	0.76
		核桃楸 *Juglans mandshurica*	0.71

（续）

濒危等级	各等级物种数量	代表植物	濒危系数
渐危种	49	紫椴 *Tilia amurensis*	0.69
		黄精 *Polygonatum sibiricum*	0.69
		糠椴 *Tilia mandshurica*	0.67
		坚桦 *Betula chinensis*	0.62
		野大豆 *Glycine soja*	0.62
敏感种	71	东北南星 *Arisaema amurense*	0.53
		北柴胡 *Bupleurum chinense*	0.53
安全种	448	山杏 *Armeniaca vulgaris* var. *ansu*	0.49
		平榛 *Corylus heterophylla*	0.44
		荆条 *Vitex negondo* var. *heterophylla*	0.4
未评估种	37	华北落叶松 *Larix princiois – rupprechtii*	0.47
		刺槐 *Robinia pseudoacacia*	0.38

2.4.3.4 物种优先关注级别的评价

（1）急切保护值评定指标的筛选及分值设定

急切保护值是指依据保护目的不同而选取不同的评价指标，将指标量化分级后计算出来的一个用以反映物种急需保护程度的数值（Nilsson，1983；薛达元等，1991）。由于国家、地区不同，情况不同，物种保护目的不完全相同，急切保护值的评价指标也不完全一致，并且由于这种方法正处于探索阶段，国内外还没有统一的评价标准。薛达元、姚振生在选择物种急切保护值评价指标时，选择了濒危系数、遗传损失系数、利用价值系数和保护现状系数。本研究认同将上述4个方面内容作为物种急切保护值的评价指标，但在具体评价过程中认为，物种的利用价值和保护现状既是物种急切保护值的评定因子，也是物种濒危状况评定的主要因子，所以在确定物种的濒危系数时加入了这两个指标，在急切保护值的评定中，这两方面因素的贡献通过濒危系数指标而反映，因此不再重复选择。通过合并调整，确定急切保护值的评价计算包括濒危系数和遗传损失系数两个方面。物种的濒危系数已做过分析计算，这里主要讨论遗传损失系数评价指标的选择。

（2）遗传损失系数指标的确定及计算

遗传损失系数是表示某一物种在遭到灭绝后，对生物多样性可能产生的遗传基因损失程度，即受威胁植物种潜在遗传价值的定量评价（Nilsson，1983；薛达元等，1991）。对于遗传损失系数，薛达元、姚振生选择了种型情况、特有情况、古老残遗情况3个评价指标，认为“特有情况”这一指标已通过濒危系数评价指标中物种的3种分布频度得到反映，在此将该标准舍去。另外在遗传损失系数评定中添加了“种质资源和遗传育种价值”这一指标，用以评价具有较高利用价值植物的野生近缘种的价值。这样，对喇叭沟门自然保护区物种遗传损失系数评价指标选择及量化分级做如下处理：

①种型情况：根据受威胁植物种所在属和所在科含种的数量而评分：单型科种（所在科仅1属1种），5分；少型科种（所在科含2～3种），4分；单型属种（所在属

仅含1种），3分；少型属种（所在属含2～3种），2分；多型属种，1分。

②种质资源和遗传育种价值：根据已开发利用植物及其野生近缘种的价值大小评分：国家1级保护的种质资源和遗传材料的野生近缘种，5分；国家2级保护的种质资源和遗传材料的野生近缘种，4分；国家3级保护的种质资源和遗传材料的野生近缘种，3分；专家提名建议的北京地区1级保护的种质资源和遗传材料的野生近缘种，2分；专家提名建议的北京地区2级保护的种质资源和遗传材料的野生近缘种，1分。

③古老残遗情况：古老残遗情况是指经过巨大地史变化而保留下来的古老植物区系的孑遗种所发生的地质年代远近（汪年鹤等，1992；国家珍贵树种名录1992）。古老残遗情况在研究植物系统发育、植物地理分布等方面具有重要的科学价值，评分级别划分为：冰期残遗的单型属或单型科植物，5分；冰期残遗的寡型属或寡型科植物，3分；非冰期残遗的植物，1分。

根据各物种以上指标的得分，用公式（2）计算其遗传损失系数，结果见表2－31。

2.4.3.5　急切保护值的计算

急切保护值的计算是根据植物的濒危系数和遗传损失系数分别乘以各自在物种保护重要性目的中的权重百分比而得（Nilsson，1983；薛达元等，1991），权重百分比是通过参照他人的分配比例和我们的研究结果确定：濒危系数0.75和遗传损失系数0.25。由公式（3）可求得各物种的急切保护值，结果见表2－31及表2－32。

表2－31　物种的急切保护值计算结果

Table 2－31　Partial calculation results about the Value of Plant Protection Emergency

代表植物	濒危等级	濒危系数	遗传损失系数	急切保护值
金莲花 *Trollius chinensis*	消失种	0.91	0.20	0.73
小阴地蕨 *Botrychium lunaria*	消失种	0.82	0.40	0.72
银线草 *Chloranthus japonicus*	消失种	0.84	0.20	0.68
獐牙菜 *Swertia erytthrosticta*	消失种	0.84	0.27	0.70
白花木本香薷 *Elsholtzia stauntinii* f. *albiflora*	极危种	0.91	0.53	0.82
华忽布 *Humulus lupulus* var. *cordifolius*	消失种	0.89	0.33	0.75
山葡萄 *Vitis amrensis*	极危种	0.84	0.47	0.75
白花华北蓝盆花 *Scabiosa tschiliensis* f. *albiflorida*	极危种	0.84	0.47	0.75
软枣猕猴桃 *Actinidia arguta*	极危种	0.82	0.33	0.70
黄檗 *Phellodendron amurense*	极危种	0.82	0.60	0.77
刺五加 *Acanthopanax senticosus*	极危种	0.80	0.33	0.68
连翘（野生）*Forsythia suspense*	极危种	0.80	0.53	0.73
野核桃 *Juglans cathayensis*	濒危种	0.78	0.27	0.65
草芍药 *Paeonia obovata*	濒危种	0.76	0.60	0.72
升麻 *Cimicifuga dahurica*	濒危种	0.76	0.47	0.69
绶草 *Spiranthes sinensis*	濒危种	0.76	0.40	0.67
核桃楸 *Juglans mandshurica*	濒危种	0.71	0.60	0.68
紫椴 *Tilia amurensis*	渐危种	0.69	0.27	0.58

（续）

代表植物	濒危等级	濒危系数	遗传损失系数	急切保护值
黄精 *Polygonatum sibiricum*	渐危种	0.69	0.60	0.67
糠椴 *Tilia mandshurica*	渐危种	0.67	0.27	0.57
坚桦 *Betula chinensis*	渐危种	0.62	0.20	0.52
野大豆 *Glycine soja*	渐危种	0.62	0.27	0.53
东北南星 *Arisaema amurense*	敏感种	0.53	0.33	0.48
北柴胡 *Bupleurum chinense*	敏感种	0.53	0.20	0.45
山杏 *Prunus armeniaca* var. *ansu*	安全种	0.49	0.20	0.42
平榛 *Corylus heterophylla*	安全种	0.44	0.27	0.40
荆条 *Vitex negondo* var. *heterophylla*	安全种	0.4	0.20	0.35
华北落叶松 *Larix princiois – rupprechtii*	未估价种	0.47	0.40	0.45
刺槐 *Robinia pseudoacacia*	未估价种	0.38	0.20	0.34

表 2 – 32　植物物种濒危状况与急切保护值

Table 2 – 32　Calculation results about the Value of Plant Protection Emergency

濒危等级	各等级数量	濒危系数	急切保护值
消失种	13	>0.80	0.68 ~ 0.78
极危种	14	>0.78	0.68 ~ 0.75
濒危种	36	0.69 ~ 0.78	0.64 ~ 0.74
渐危种	49	0.60 ~ 0.68	0.52 ~ 0.67
敏感种	71	0.50 ~ 0.59	0.45 ~ 0.54
安全种	448	<0.50	0.35 ~ 0.47
未评估种	37	<0.40	0.34 ~ 0.42

2.4.3.6　优先关注级别评定标准的建立与物种优先关注级别的确定

从表 2 – 31 和表 2 – 32 可以看出，由于濒危系数、遗传损失系数的相互影响，物种的急切保护值大小与单个的濒危系数或遗传损失系数不完全属于线性关系。物种优先关注级别的评价，如果仅从其濒危等级进行确定，则对于一些具有珍贵遗传价值的物种的保护不利；相反，如果仅从急切保护值去划分优先关注级别，有可能由于遗传损失系数的影响而导致对某些极其濒危的物种保护不利。因此，将物种的濒危等级和急切保护值结合起来，提出喇叭沟门自然保护区物种优先关注级别的评价体系。

一级优先关注：包括全部极危种和急切保护值大于 0.67 的濒危种；二级优先关注：急切保护值在 0.55 ~ 0.67 的濒危种和渐危种；三级优先关注：急切保护值在 0.45 ~ 0.54 的渐危种和敏感种；普通保护：急切保护值小于 0.45 的敏感种、安全种和未评估种。

根据以上标准，对喇叭沟门自然保护区物种保护级别的评定结果见表 2 – 33。

表2－33 喇叭沟门自然保护区植物优先关注级别的评定结果

Table 2－33 The assessment of plant species' protection grade in Labagoumen Nature Reserve

优先关注级别	物种数量	急切保护值	濒危程度	植物名称
一级优先关注	30	>0.67	全部极危种与部分濒危种	黄檗、软枣猕猴桃、刺五加、连翘、野核桃、钝齿铁角蕨、华忽布、浅裂剪秋罗、树锦鸡儿、山葡萄、五福花、北萱草、小黄花菜、辽杨、粗齿蒙古栎、裂叶榆、升麻、草芍药、五味子、兴安益母草、白花华北蓝盆花、大花杓兰、角盘兰、羊耳蒜、尖唇鸟巢兰、二叶兜被兰、二叶舌唇兰、绶草、虎榛子、白花木本香薷
二级优先关注	57	0.56～0.67	部分濒危种和部分渐危种	蛾眉蕨、沼泽蕨、翠雀、刺果茶藨子、花楸树、扁茎黄耆、无梗五加、徐长卿、列当、黄花列当、异叶轮草、鸡树条荚蒾、裂瓜、齿叶紫沙参、党参、桔梗、假鼠妇草、大叶小檗、蕨、猴腿蹄盖蕨、过山蕨、荚果蕨、沙柳、坚桦、硕桦、瞿麦、大花剪秋罗、类叶升麻、落新妇、东北茶藨子、美蔷薇、野大豆、糠椴、蒙椴、辽藁本、防风、窃衣、鹿蹄草、花锚、香青兰、夏至草、黄芩、纤弱黄芩、北京黄芩、并头黄芩、穗花马先蒿、红纹马先蒿、山西玄参、羊乳、铃兰、北重楼、鹿药、穿山龙、核桃楸、坚桦、黄精、紫椴
三级优先关注	83	0.45～0.55	部分渐危种和部分敏感种	耳叶金毛裸蕨、球子蕨、香鳞毛蕨、鞭叶耳蕨、反折百蕊草、球茎虎耳草、牻牛儿苗、短毛独活、黄花油点草、茖葱、粟草、猫儿菊、赤瓟、拳参、巴天酸模、两色乌头、高乌头、大瓣铁线莲、半钟铁线莲、细叶小檗、河北黄堇、星南芥、山荆子、楸子、灰栒子、东北南星、北柴胡（等）
普通保护	485	<0.45	安全种、未估价种与部分敏感种	草问荆、小叶杨、棉花柳、轮叶景天、反枝苋、小叶白蜡、蔓出卷柏、山杨、白桦、榛、蒙古栎、藜、马齿苋、草乌、华北耧斗菜、山杏、华北落叶松、红皮云杉、杜松、圆柏、北京杨、箭杆杨、旱柳、绦柳、龙爪柳、胡桃、板栗、榆、荞麦、扫帚苗、鸡冠花（等）

从评价结果来看，同为国家级保护植物，野大豆在喇叭沟门自然保护区由于分布广，数量多，处于较为安全的环境，其濒危系数为0.64，属于渐危种，急切保护值0.53，定为自然保护区三级优先关注植物，采取在保护区内的一般保护措施即可得到安全保护；而黄檗在自然保护区仅有3株分布，濒危系数为0.82，属于极危种，急切保护值0.75，定为自然保护区一级优先关注植物，除加强保护区保护之外，还需采取其他扩繁措施，以确保该种的安全。由于濒危系数、濒危等级和急切保护值是相互关联的3个指标，单纯由某个指标来确定物种的优先关注级别都是不全面的，而将三者的结合则能够得出较为全面而客观的结论，通过分析认为应用以上3个指标去评价物种的优先关注级别，进而采取相应保护措施的方法是较为科学而符合自然保护区实际情况的。

2.4.3.7 不同级别植物的保护措施

在一个地区，对物种的保护措施依赖于整个地区的生态环境状况和物种自身的急需保护程度（优先关注级别）。喇叭沟门自然保护区已被北京市政府批准建立自然保护区，其物种的保护应在就地保护为主要方式的基础上，根据各物种的优先关注级别采取相应的保护措施：

一级优先关注植物，总计30种，包括13种极危种和部分濒危种。除了在保护区的3个范围内严加保护、禁止破坏之外，还需采取其他扩繁措施，如实施苗圃育种栽培、人工林地扩繁和种质基因保存等，以确保该种的安全存活，并进行对其种群动态检测和生物学特性等方面的研究。

二级优先关注植物，总计57种，包括部分濒危种和部分渐危种。对其中的濒危种在3个保护区范围内严禁开采和破坏，种群数量持续下降者可采取其他保护措施；对于渐危种，在确保其种群群落稳定的条件下，可进行轻度的开采利用。通过保护区的有效管理，二级优先关注植物不需要其他特殊措施即可得到安全保护，但对其物种资源的利用仍应当建立在人工资源培育基础之上。

三级优先关注植物，总计83种，包括部分渐危种和部分敏感种。在保护区范围内储量较大，可在实验区内进行轻度的开发利用，但过度利用也容易导致其走向濒危和灭绝，因此应加强管理，控制其开采利用强度。

普通保护植物，总计485种，包括部分敏感种和所有安全种。在保护区正常的经营活动范围内可得到安全保护，一般不需做过多关注。

2.4.3.8 讨论与提示

对于一个自然保护区来说，除了自然保护区特有种外，评价物种濒临灭绝危险（即濒危程度）是不适宜的，但是可以评价物种的濒临消失风险，用濒临消失风险指数来衡量具体计算方法可参考《北京山地植物和植被保护研究》一书。在选取评价指标时，应该选择反映物种在自然保护区内生存状况的有关指标，不应过多拓展。另外，物种的古老残遗情况存在很多学术争议。因此，本研究中存在的冗余指标是国内分布频度、北京地区分布频度和古老残遗情况。本小节是早期的研究结果，业已发表，仅供参考。

第3章 脊椎动物

喇叭沟门自然保护区内多样的地形地貌和植被类型，为多种野生动物的生存提供了条件。1998 年 9 月，我们曾对该地区野生动物资源进行了初步调查，共记录到两栖爬行类 6 种，鸟类 33 种，兽类 19 种。2003 年 10 月到 2006 年 10 月，我们再次对保护区内野生动物资源进行了详细调查，目的在于查明该地区的野生动物多样性现状，为以后野生动物保护和监测提供依据。

主要调查方式采取样线法和样点法。不同的动物种类采用的方法不尽相同：鱼类主要是直接观察和收集捕鱼人的渔获物，两栖爬行动物主要是直接观察，并结合照片对照访问当地居民，鸟类主要通过望远镜观察及叫声判断，哺乳动物主要通过粪便和足迹等活动痕迹调查，并结合访问当地居民的方式完成。由于调查地区主要为山地地形，地形对视野有很大影响，鸟类的调查样线宽度随地形变化作相应变化，大型鸟类为 200 ~ 500m，但对于雀型目小鸟不超过 100m，两栖爬行类实体和兽类的活动痕迹为 5m。

本次调查动物数量级的确定以动物出现频率为标准，以每小时见到 3 只次以上为优势种（+++），每小时见到 1 只次以上为常见种（++），每小时见到 1 只次以下为罕见种（+），同时也考虑了不同季节的差异。

3.1 物种多样性

3.1.1 动物种类及组成

根据实地调查和 1998 年调查资料记载，北京喇叭沟门自然保护区共分布有鱼类 1 目 2 科 9 种，两栖类 1 目 2 科 3 种，爬行类 2 目 5 科 13 种，鸟类 14 目 39 科 106 种，兽类有 6 目 15 科 30 种（详细名录见附录 2　北京喇叭沟门自然保护区野生脊椎动物名录），分别占北京种数的 11.1%、30.0%、56.5%、28.3% 和 56.6%（表 3-1）。

表 3-1 喇叭沟门自然保护区野生脊椎动物物种数统计

Table 3-1 Statistics of species amount of vertebrate in Labagoumen Nature Reserve

类别	保护区种数	北京地区种数	占全部种数（%）
鱼类	9	81	11.1
两栖类	3	10	30.0
爬行类	13	23	56.5
鸟类	106	417	25.4
兽类	30	53	56.6
总计	161	584	-

3.1.2 重点保护动物

保护区分布有国家Ⅰ级重点保护动物 2 种，为黑鹳和白肩雕 *Aquila heliaca*；国家Ⅱ级重点保护动物 20 种，其中鸟类 18 种，兽类 2 种。北京市一级重点保护动物 13 种，其中鸟类 8 种，兽类 4 种，两栖爬行类 1 种；北京市二级重点保护动物 67 种，其中两栖爬行类 9 种，鸟类 48 种，兽类 10 种（表 3-2）。由此可见本保护区在保护珍稀野生动物方面具有重要的作用。

表 3-2 喇叭沟门自然保护区保护动物统计表

Table 3-2 Statistics of species amount of protected vertebrate in Labagoumen Nature Reserve

保护级别	类别	种　类
国家Ⅰ级	鸟类	黑鹳 *Ciconia nigra*、白肩雕 *Aquila heliaca*
	兽类	无
国家Ⅱ级	鸟类	苍鹰 *Accipiter gentilis*、长耳鸮 *Asio otus*、大鵟 *Buteo hemilasius*、雕鸮 *Bubo bubo*、红脚隼 *Falco vespertinus*、红隼 *Falco tinnunculus*、花尾榛鸡 *Tetrastes bonasia*、灰背隼 *Falco columbarius*、灰鹤 *Grus grus*、普通鵟 *Buteo buteo*、雀鹰 *Accipiter nisus*、勺鸡 *Pucrasia macrolopha*、秃鹫 *Aegypius monachus*、燕隼 *Falco subbuteo*、游隼 *Falco peregrinus*、鸳鸯 *Aix galericulata*、纵纹腹小鸮 *Athene noctua*
	兽类	青鼬 *Martes flavigula*、斑羚 *Naemorhedus goral*
北京市一级	两栖爬行类	王锦蛇 *Elaphe carinata*
	鸟类	凤头鸊鷉 *Podiceps cristatus*、蓝翡翠 *Halcyon pileata*、灰头绿啄木鸟 *Picus canus*、大斑啄木鸟 *Picoides major*、黑卷尾 *Dicrurus macrocercus*、红嘴蓝鹊 *Urocissa erythrorhyncha*、灰喜鹊 *Cyanopica cyana*、寿带 *Terpsiphone paradisi*
	兽类	赤狐 *Vulpes vulpes*、貉 *Nyctereutes procyonoides*、豹猫 *Felis bengalensis*、果子狸 *Paguma larvata*
北京市二级	两栖爬行类	中国林蛙 *Rana chensinensis*、黑斑蛙 *Rana nigromaculate*、赤链蛇 *Dinodon rufozonatum*、乌梢蛇 *Zaocys dhumnades*、白条锦蛇 *Elaphe dione*、黑眉锦蛇 *Elaphe taeniura*、虎斑游蛇 *Rhabdophis tigrina*、黄脊游蛇 *Coluber spinalis*、蝮蛇 *Agkistrodon halys*

（续）

保护级别	类别	种　　类
北京市二级	鸟类	暗绿柳莺 *Phylloscopus trochiloides*、白眉姬鹟 *Ficedula zanthopygia*、白腰朱顶雀 *Carduelis flammea*、斑鸫 *Turdus naumanni*、斑嘴鸭 *Anas poecilorhyncha*、宝兴歌鸫 *Turdus mupinensis*、北朱雀 *C. roseus*、长尾山椒鸟 *Pericrocotus ethologus*、大杜鹃 *Cuculus canorus*、大山雀 *Parus major*、戴胜 *Upupa epops*、东方大苇莺 *Acrocephalus orientalis*、凤头百灵 *Galerida cristata*、冠纹柳莺 *Phylloscopus reguloides*、褐柳莺 *Phylloscopus fuscatus*、褐头山雀 *Parus montanus*、黑头鳾 *Sitta villosa*、黑枕黄鹂 *Oriolus chinensis*、红点颏 *Luscinia calliope*、环颈雉 *Phasianus colchicus*、黄喉鹀 *Emberiza elegans*、黄眉柳莺 *Phylloscopus inornatus*、黄腰柳莺 *Phylloscopus proregulus*、灰伯劳 *Lanius excubitor*、极北柳莺 *Phylloscopus borealis*、家燕 *Hirundo rustica*、蓝点颏 *Luscinia svecica*、绿翅鸭 *Anas crecca*、绿鹭 *Butorides striatus*、绿头鸭 *Anas platyrhynchos*、煤山雀 *Parus ater*、蒙古百灵 *Melanocorypha mongolica*、牛头伯劳 *Lanius bucephalus*、普通鸬鹚 *Phalacrocorax carbo*、普通秋沙鸭 *Mergus merganser*、普通鳾 *Sitta europaea*、三道眉草鹀 *Emberiza cioides*、山鹛 *Rhopophilus pekinensis*、山噪鹛 *Garrulax davidi*、石鸡 *Alectoris chukar*、四声杜鹃 *Cuculus micropterus*、岩鸽 *Columba rupestris*、燕雀 *Fringilla montifringilla*、银喉长尾山雀 *Aegithalos caudatus*、云雀 *Alauda arvensis*、沼泽山雀 *Parus palustris*、棕眉柳莺 *Phylloscopus armandii*、棕头鸦雀 *Paradoxornis webbianus*
	兽类	北小麝鼩 *Crocidura gmelini*、东方蝙蝠 *Vespertilio sinensis*、山蝠 *Nycatalus noctula*、普通伏翼 *Pipistrellus abramus*、托氏兔 *Lepus tolai*、黄鼬 *Mustela sibirica*、艾虎 *Mustela eversmannii*、猪獾 *Arctonyx collaris*、狍 *Capreolus capreolus*、野猪 *Sus scrofa*

3.1.3　动物资源价值

喇叭沟门自然保护区内鸟类资源最为丰富，鸟类中环颈雉数量较多，在条件允许的情况下，可开展一定规模的健康狩猎活动，产生直接的经济效益，其他种类数量不足，但也是森林生态系统中重要的组成部分，对于防治森林病虫害有重大意义；各种羽色亮丽、鸣声婉转的鸟类也是可供开发的旅游资源，具有一定的生态旅游价值，如果加以正确科学的开发，完全可以成为良好的观鸟科普场所，可满足国内外游客开展观鸟活动需要。该保护区的兽类动物有一定的经济价值，如貉和獾的数量较多，但由于其在生态系统中的作用较大，因此目前不建议开展兽类的利用性开发，而以保护野生动物资源为主。

3.2　鱼类

汤河自北向南流经保护区，许多分支也就此汇入汤河，合并成为密云水库的主要水源之一，河流为各种水生动物提供栖息场所的同时，也为其他类群野生动物提供了水源和食物来源。

3.2.1 鱼类种类及分布

自然保护区共调查到鱼类2科6亚科9种（表3-3）。

表3-3 喇叭沟门自然保护区鱼类统计

Table 3-3 Items of fish in Labagoumen Nature Reserve

科名	种名	数量级
鲤科 Cyprinidae	宽鳍鱲 *Zacco platypus*	+
	洛氏鱥 *Phoxinus lagowskii*	+ + +
	东北雅罗鱼 *Leuciscus waleckii*	+
	草鱼 *Ctenopharyngodon idellus*	+
	麦穗鱼 *Pseudorasbora pparva*	+
	鲫 *Carassius auratus*	+ + +
鳅科 Cobitidae	北方条鳅 *Noemacheilus nudus*	+
	北方花鳅 *Cobitis granoci*	+
	泥鳅 *Misgurnus anguillicaudatus*	+ +

除洛氏鱥为典型山涧溪流鱼类外，其余种均为河流—水库鱼类。数量上洛氏鱥为山涧溪流鱼类的优势种，实际上在山涧溪流中只调查到这一种，且有较大数量；而河流—水库鱼类由于人为捕捞数量都比较少，收集当地居民的渔获时发现，鲫鱼的数量稍多一些。

以往文献中记载的细鳞鱼在本次调查中未获纪录，访问当地居民时也都表示近十几年来汤河水位明显下降，鱼的种类和数量也大为减少，可见环境变化对水生动物的影响更为明显，人为干扰亦或是全球的气候变化对局部的环境变化具有重要影响。

3.2.2 鱼类资源利用

自然保护区鱼类资源以小型种类居多，不具备经济捕捞价值，但作为湿地生态系统的重要组成部分，其既捕食其他浮游生物，又是其他大型动物的食饵，还可用作旅游开发中的垂钓项目。目前，汤河水系流经居民区节段存在生活垃圾污染，有一定程度的富养化。通过治理水污染，该地区的湿地环境改善之后，汤河的鱼类资源大有发展前途。

3.3 两栖爬行类

3.3.1 两栖爬行类种类及分布

自然保护区共有两栖类1目2科3种，爬行类2目5科13种（表3-4）。两栖类主要分布在低山、谷地且近水的环境中，如帽山山涧溪流、汤河沿岸。爬行类分布环境范围相对大一些，低、中、高海拔都有分布。数量上，中国林蛙在两栖类中为优势种，爬行类中山地麻蜥 *Eremias brenchleyi*、丽斑麻蜥 *Eremias argus* 为优势种。

2004年7月16日调查期间，在汤河岸边小道中央拾获一窝蛇卵，共11枚，推测是被暴雨由孵化处冲刷出来的，已部分脱水，卵色乳白，长径50～55mm，直径23～26mm，带回解剖其中一只发现幼蛇长30mm，还有心跳，但3天后在孵化箱中继续孵化时脱水更甚，未能获得存活幼蛇。对比文献推测为黑眉锦蛇 *Elaphe taeniura*，该蛇是本地区常见种类。

表3－4 喇叭沟门自然保护区两栖爬行类生态分布统计

Table 3－4 Distribution of amphibian and crawler in Labagoumen Nature Reserve

种 名	区系	垂直分布带		生 境				数量级
		低山	中山	森林	灌丛	村落	水域	
大蟾蜍 *Bufo gargarizans*	E	√	√				√	＋＋
中国林蛙 *Rana chensinensis*	X	√					√	＋＋＋
黑斑蛙 *Rana nigromaculate*	E	√					√	＋
无蹼壁虎 *Gekko swinhonis*	B	√				√		＋
丽斑麻蜥 *Eremias argus*	X	√	√		√			＋＋＋
山地麻蜥 *Eremias brenchleyi*	X	√	√		√			＋＋＋
蓝尾石龙子 *Eremias elegans*	S	√	√	√	√			＋＋
赤链蛇 *Dinodon rufozonatum*	E	√	√	√	√	√	√	＋
王锦蛇 *Elaphe carinata*	S	√	√	√	√	√	√	＋
白条锦蛇 *Elaphe dione*	U	√	√	√	√	√	√	＋
棕黑锦蛇 *Elaphe schrenckii*	E	√	√	√	√	√	√	＋
黑眉锦蛇 *Elaphe taeniura*	E	√	√	√	√	√	√	＋
虎斑颈槽蛇 *Rhabdophis tigrinus*	E	√	√	√	√	√	√	＋
黄脊游蛇 *Coluber spinalis*	U	√	√	√	√	√	√	＋
乌梢蛇 *Zaocys dhumnades*	W	√	√	√	√	√	√	＋
蝮蛇 *Agkistrodon halys*	E	√	√	√	√	√	√	＋

注：分布型依照《中国动物地理》（张荣祖，1999）

3.3.2 两栖爬行类区系特征

自然保护区两栖类全部属于古北界类型，从分布型看，一种为东北—华北型，两种为季风型。爬行类绝大部分属于古北界的古北型、华北型、东北—华北型和季风型，只有3种属于东洋界的南中国型和东洋型（表3－5），即由于当地气温条件较低，适合本区环境的变温动物多为长期适应于北方气候的古北界种类。

表3－5 喇叭沟门自然保护区爬行类区系分析

Table 3－5 Analysis to fauna of crawler in Labagoumen Nature Reserve

目 科	区 系					
	古北型	华北型	东北—华北型	季风型	南中国型	东洋型
壁虎科 Gekokonidae		1				
蜥蜴科 Lacertidae			2			
石龙子科 Scincidae					1	
游蛇科 Colubriae	2			4	1	1
蝰科 Viperidae				1		
总 计	**2**	**1**	**2**	**5**	**2**	**1**

3.3.3 两栖爬行类保护物种

两栖爬行类中有北京市一级保护动物1种，为王锦蛇 *Elaphe carinata*，二级保护动物9种，其中除两栖目蛙科2种外，其余全为蛇类。蛇类主要以森林、农田中的鼠类为食，对于抑制鼠类数量、保持生态平衡有很大作用，是自然生态系统的重要组成部分。由于蛇类活动较隐蔽，因此本次调查中对于蛇类的调查主要以察看照片访问居民为主，并察看了被捕获的个体，结果表明保护区范围内蛇类相对比较常见，同时调查中也多次调查到蛇的活体（赤链蛇等）、蛇卵、蛇蜕等，证明保护区的蛇类具有一定的数量。

3.3.4 两栖爬行类资源

两栖爬行动物以取食昆虫、小型鼠类为主，在控制农林业虫害、鼠害，维持正常的生态系统功能方面起到重要作用，是一支卓有成效的生物防治力量，其生态价值巨大。许多两栖爬行动物还是传统中医药的原材料，如中国林蛙的干燥输卵管称为哈士莫油，是营养丰富的滋补品；大蟾蜍耳后腺的分泌物蟾酥有解毒、消肿、止痛的作用；蝮蛇泡酒可治疗各种风湿病，蝮蛇毒液提取物还是治疗癌症的良药，因此，除加强对当地居民进行野生动物保护宣传教育外，还应当因地制宜的开展对经济种类的人工放养和驯化饲养，避免对野生物种的乱捕，同时也是提高当地居民经济收入的一条途径。

保护区两栖爬行类现有资源不具备可开发性，但由于本区湿地面积广，具有可供此类动物生活的环境条件，因而在采取一定保护措施后，种群数量恢复将是乐观的，同时可以利用本地山涧水系发达的优势将人工养殖中国林蛙作为当地居民生产致富的渠道，对于两栖类资源的合理开发大有好处。

3.4 鸟类

自然保护区内植被类型多样，具有北京地区少见的大面积白桦林，天然次生林生长良好，20世纪90年代以前在深山、沟谷种植的经济果树由于山区搬迁计划而无人摘采，给鸟类提供了充裕的栖息场所和大量食源，因而，本区鸟类的多样性较高，特别是以猛禽的种类和数量居多。

3.4.1 鸟类种类及分布

北京喇叭沟门自然保护区的鸟类资源较为丰富，据调查以及资料记载统计，该区分布的鸟类有14目39科106种（表3-6），占北京记录种数的25.4%。保护区的环境类型丰富多样，鸟类分布状况也是丰富多样的，在针叶林和针阔混交林生境中主要以大斑啄木鸟 *Picoides major*、北红尾鸲 *Phoenicurus auroreus*、极北柳莺 *P. borealis*、大山雀 *Parus major*、褐头山雀 *P. montanus*、银喉长尾山雀 *Aegithalos caudatus*、红嘴蓝鹊 *Urocissa erythrorhyncha*、大嘴乌鸦 *Corvus macrorhynchos* 等森林鸟类为主；在灌丛、草地主要以环颈雉 *Phasianus colchicus*、山噪鹛 *Garrulax davidi*、棕头鸦雀 *Paradoxornis webbianus*、金翅雀 *Carduelis sinica*、灰眉岩鵐 *Emberiza cia*、三道眉草鵐 *E. cioides* 等灌丛鸟类为主；汤河以及周边湿地主要以绿头鸭 *Anas platyrhynchos*、普通翠鸟 *Alcedo atthis*、白鹡鸰 *Motacilla alba* 等湿地鸟类为主；居民点与农田主要以家燕 *Hirundo rustica*、喜鹊 *Pica pica*、麻雀

Passer domesticus 等伴人鸟种为主。在数量方面，环颈雉、喜鹊、北红尾鸲、大山雀、褐头山雀、银喉长尾山雀、麻雀、灰眉岩鹀、三道眉草鹀较多，为优势种。

表3-6 喇叭沟门自然保护区鸟类生态分布与数量

Table 3-6 Amount and ecological distribution of avifauna in Labagoumen Nature Reserve

种名	区系	垂直分布带		生境				数量级	居留型
		低山	中山	森林	灌丛	村落农田	溪流岩石		
凤头䴙䴘 *Podiceps cristatus*	U	√					√	+	旅
普通鸬鹚 *Phalacrocorax carbo*	O	√					√	+	旅
绿鹭 *Butorides striatus*	O	√					√	+	夏
黑鹳 *Ciconia nigra*	U	√					√	+	夏
鸳鸯 *Aix galericulata*	E	√					√	+	夏
绿翅鸭 *Anas crecca*	C	√					√	+	旅
绿头鸭 *Anas platyrhynchos*	C	√					√	+	夏
斑嘴鸭 *Anas poecilorhyncha*	W	√					√	+	夏
普通秋沙鸭 *Mergus merganser*	C	√					√	+	旅
苍鹰 *Accipiter gentilis*	C	√	√	√	√			+	夏
雀鹰 *Accipiter nisus*	U	√	√	√	√			+	留
松雀鹰 *Accipiter virgatus*	W	√	√	√	√			+	留
普通 *Buteo buteo*	U	√	√	√	√			+	夏
大 *Buteo hemilasius*	D	√	√	√	√			+	夏
白肩雕 *Aquila heliaca*	O	√	√	√	√		√	+	旅
秃鹫 *Aegypius monachus*	O	√	√	√	√			+	留
红隼 *Falco tinnunculus*	O	√	√	√		√	√	+	留
燕隼 *Falco subbuteo*	U	√	√	√		√		+	夏
游隼 *Falco peregrinus*	O	√	√	√		√		+	夏
红脚隼 *Falco vespertinus*	U	√	√	√		√		+	夏
灰背隼 *Falco columbarius*	C	√	√	√		√		+	夏
花尾榛鸡 *Bonasa bonasia*	U	√	√	√	√			+	留
石鸡 *Alectoris chukar*	D	√		√	√			+	留
勺鸡 *Pucrasia macrolopha*	S		√	√	√			+	留
环颈雉 *Phasianus colchicus*	O	√	√	√	√			++	留
灰鹤 *Grus grus*	U	√					√	+	旅
矶鹬 *Actitis hypoleucos*	C	√					√	+	夏
岩鸽 *Columba rupestris*	O	√	√	√	√	√		+	留
山斑鸠 *Streptopelia orientalis*	E	√	√	√	√	√		+	留
珠颈斑鸠 *Streptopelia chinensis*	W	√	√	√	√	√		++	留
灰斑鸠 *Streptopelia decaocto*	W	√	√	√	√	√		+	留

（续）

种名	区系	垂直分布带		生境				数量级	居留型
		低山	中山	森林	灌丛	村落农田	溪流岩石		
四声杜鹃 *Cuculus micropterus*	W	√	√	√	√	√		+	夏
大杜鹃 *Cuculus canorus*	O	√	√	√	√	√		+	夏
雕鸮 *Bubo bubo*	U	√	√	√		√		+	留
长耳鸮 *Asio otus*	C	√	√	√		√		+	留
纵纹腹小鸮 *Athene noctua*	U	√	√	√		√		+	留
冠鱼狗 *Megaceryle lugubris*	O	√					√	+	留
蓝翡翠 *Halcyon pileata*	W	√					√	+	夏
普通翠鸟 *Alcedo atthis*	O	√					√	+	留
戴胜 *Upupa epops*	O	√	√	√	√	√		+	夏
灰头绿啄木鸟 *Picus canus*	U	√	√	√		√		+	留
大斑啄木鸟 *Picoides major*	U	√	√	√		√		+	留
蒙古百灵 *Melanocorypha mongolica*	D		√		√	√		+	留
云雀 *Alauda arvensis*	U		√		√	√		+	旅
凤头百灵 *Galerida cristata*	O		√		√	√		+	留
家燕 *Hirundo rustica*	C	√	√			√	√	+	夏
灰鹡鸰 *Motacilla cinerea*	O	√	√			√	√	+ +	夏
白鹡鸰 *Motacilla alba*	O	√	√			√	√	+	夏
黄鹡鸰 *Motacilla flava*	U	√	√			√	√	+	夏
田鹨 *Anthus rufulus*	M	√	√		√	√		+	旅
树鹨 *Anthus hodgsoni*	U	√	√		√	√		+	夏
长尾山椒鸟 *Pericrocotus ethologus*	H	√	√	√				+	夏
牛头伯劳 *Lanius bucephalus*	X	√	√	√	√	√		+	夏
灰伯劳 *Lanius excubitor*	H	√	√	√	√	√		+	夏
黑枕黄鹂 *Oriolus chinensis*	W	√	√	√		√		+	夏
黑卷尾 *Dicrurus macrocercus*	W	√		√		√		+	夏
北椋鸟 *Sturnus cineraceus*	X	√			√	√		+	夏
松鸦 *Garrulus glandarius*	U		√	√		√		+	留
红嘴蓝鹊 *Urocissa erythrorhyncha*	W	√	√	√		√		+ +	留
灰喜鹊 *Cyanopica cyana*	U	√	√	√	√	√		+	留
喜鹊 *Pica pica*	C	√		√		√		+ +	留
大嘴乌鸦 *Corvus macrorhynchos*	E	√	√	√		√		+ +	留
小嘴乌鸦 *Corvus corone*	C	√	√	√		√		+ +	留
红喉歌鸲 *Luscinia calliope*	U	√	√	√	√	√		+	旅
蓝喉歌鸲 *Luscinia svecica*	U	√	√	√	√	√		+	旅

（续）

种名	区系	垂直分布带		生境				数量级	居留型
		低山	中山	森林	灌丛	村落农田	溪流岩石		
红胁蓝尾鸲 *Tarsiger cyanurus*	M	√	√	√	√	√		+	夏
北红尾鸲 *Phoenicurus auroreus*	M	√	√	√	√	√		+ + +	夏
蓝矶鸫 *Monticola solitarius*	O	√	√	√	√			+	旅
白腹鸫 *Turdus pallidus*	M	√	√		√	√		+	冬
赤颈鸫 *Turdus ruficollis*	O	√	√		√	√		+	冬
斑鸫 *Turdus naumanni*	M	√	√		√	√		+	冬
宝兴歌鸫 *Turdus mupinensis*	H	√	√		√	√		+	冬
灰背鸫 *Turdus hortulorum*	M	√	√		√	√		+	冬
山噪鹛 *Garrulax davidi*	B	√	√		√	√		+ +	留
棕头鸦雀 *Paradoxornis webbianus*	S	√	√		√	√		+ +	留
山鹛 *Rhopophilus pekinensis*	D	√	√		√	√		+ +	留
东方大苇莺 *Acrocephalus orientalis*	O	√					√	+	夏
褐柳莺 *Phylloscopus fuscatus*	M	√	√	√	√	√		+	夏
棕眉柳莺 *Phylloscopus armandii*	H	√	√	√	√	√		+ +	旅
黄眉柳莺 *Phylloscopus inornatus*	U	√	√	√	√	√		+ +	夏
黄腰柳莺 *Phylloscopus proregulus*	U	√	√	√	√	√		+	夏
极北柳莺 *Phylloscopus borealis*	U	√	√	√	√	√		+ +	夏
暗绿柳莺 *Phylloscopus trochiloides*	U	√	√	√	√	√		+	夏
冠纹柳莺 *Phylloscopus reguloides*	W	√	√	√	√	√		+ +	夏
白眉姬鹟 *Ficedula zanthopygia*	M	√	√		√	√		+	夏
寿带 *Terpsiphone paradisi*	W	√	√	√	√	√		+	夏
大山雀 *Parus major*	O	√	√	√	√	√		+ + +	留
煤山雀 *Parus ater*	U	√	√	√	√	√		+ +	旅
沼泽山雀 *Parus palustris*	U	√	√	√	√	√		+	留
褐头山雀 *Parus montanus*	C	√	√	√	√	√		+ + +	留
银喉长尾山雀 *Aegithalos caudatus*	U	√	√	√	√	√		+ + +	留
普通鳾 *Sitta europaea*	U	√	√	√				+ +	留
黑头鳾 *Sitta villosa*	C	√	√	√				+ +	留
麻雀 *Passer domesticus*	U	√		√		√		+ +	留
燕雀 *Fringilla montifringilla*	U	√	√	√		√		+ +	冬
金翅雀 *Carduelis sinica*	M	√	√	√	√	√		+ +	留
白腰朱顶雀 *Carduelis flammea*	C	√	√	√	√	√		+	留
普通朱雀 *Carpodacus erythrinus*	U	√	√	√	√	√		+	冬
北朱雀 *Carpodacus roseus*	M	√	√	√	√	√		+	冬

（续）

种名	区系	垂直分布带		生境				数量级	居留型
		低山	中山	森林	灌丛	村落农田	溪流岩石		
黄眉鹀 *Emberiza chrysophrys*	M	√	√	√	√	√		+	夏
白眉鹀 *Emberiza tristrami*	M	√	√		√	√		+	夏
灰眉岩鹀 *Emberiza cia*	O	√	√		√	√		+ + +	留
三道眉草鹀 *Emberiza cioides*	M	√	√		√	√		+ +	留
黄喉鹀 *Emberiza elegans*	M	√	√	√	√	√		+	夏
小鹀 *Emberiza pusilla*	U	√	√		√	√		+ + +	旅
田鹀 *Emberiza rustica*	U	√	√		√	√		+	夏

注：分布型依照《中国动物地理》（张荣祖，1999）

在调查过程中发现了北京地区鸟类新纪录：国家Ⅱ级重点保护鸟类花尾榛鸡 *Bonasa bonasia* 5 只。花尾榛鸡以前曾发现于密云县雾灵山市级自然保护区，本次发现再次确认其已从河北扩散到北京，且有一定的数量。

本区鸟类中，非雀形目鸟类 17 科 42 种，占当地种数的 39.6%，雀形目有 21 科 64 种，占当地种数的 60.4%（表 3－7）。雀形目鸟类大多羽色鲜艳、鸣叫声婉转，是极具观赏价值的自然资源，可供开展观鸟旅游。

表 3－7　喇叭沟门自然保护区鸟类科种数统计

Table 3－7　Amount of families and species of avifauna in Labagoumen Nature Reserve

科名	种数		科名	种数		科名	种数	
	保护区	北京		保护区	北京		保护区	北京
鸊鷉科	1	5	鸠鸽科	4	5	黄鹂科	1	1
鸬鹚科	1	2	杜鹃科	2	6	卷尾科	1	3
鹭科	1	13	鸱鸮科	3	10	椋鸟科	1	3
鹳科	1	2	翠鸟科	3	3	鸦科	6	12
鸭科	5	33	戴胜科	1	1	鹟科	23	68
鹰科	7	26	啄木鸟科	2	6	山雀科	5	6
隼科	5	7	百灵科	3	6	鳾科	2	3
松鸡科	1	1	燕科	1	7	文鸟科	1	2
雉科	3	6	鹡鸰科	5	11	雀科	12	36
鹤科	1	4	山椒鸟科	1	3			
鹬科	1	19	伯劳科	2	5			

3.4.2　鸟类区系特征

保护区鸟类的区系结构组成中，古北界 68 种（占总数 64.2%）、东洋界 13 种（占总数 12.3%）、广布种 25 种（占总数 23.5%）（表 3－8），鸟类种类以古北界种类为主，同时也具有较高比例的广布种和东洋种，是古北界、东洋界种类相互渗透的地区，与本地区的地质地形结构特征一致，北面环山、南部为开放平原，使得分布于南方的东洋种长驱直下，与北部的动物种类混合，造成其动物地理群具有过渡性质。在分布型上以古北界古北型和东北型种类为主，同时其他分布型（包括东洋界的分布型）也有一定数量。

表 3-8 喇叭沟门自然保护区鸟类区系组成

Table 3-8 Analysis to fauna of avifauna in Labagoumen Nature Reserve

目	区系										
	全北型	古北型	东北型	华北型	东北—华北型	季风型	中亚型	喜马拉雅—横断山型	南中国型	东洋型	难分类
䴙䴘目		1									
鹈形目											1
鹳形目		1									1
雁形目	3					1				1	
隼形目	2	4					1			1	4
鸡形目		1					1		1		1
鹤形目		1									
鸻形目	1										
鸽形目						1				2	1
鹃形目										1	1
鸮形目	1	2									
佛法僧目										1	3
䴕形目		2									
雀形目	7	20	14	1	2	1	2	3	1	5	8
总 计	**14**	**32**	**14**	**1**	**2**	**3**	**4**	**3**	**2**	**11**	**20**

3.4.3 鸟类居留型

在当地鸟类居留型统计中有留鸟 41 种，占保护区鸟类种数的 38.8%（表 3-9），其中非雀形目鸟类 19 种，雀形目鸟类 22 种；夏候鸟种类最多，有 43 种，占保护区鸟类种数的 40.6%，其中非雀形目鸟类 17 种，雀形目鸟类 26 种；旅鸟有 14 种，占保护区鸟类种数的 13.1%，其中非雀形目鸟类 6 种，雀形目鸟类 8 种；冬候鸟数量较少有 8 种，占保护区鸟类种数的 7.5%，均为雀形目鸟类。由此可见，保护区鸟类种类数在夏季达到一个高峰，在冬季处于一个谷底。

与以前的资料相比，该区鸟类的居留型发生了变化，这一方面与生态环境改变有关，另一方面可能与气候变化有一定联系，许多地质学研究已指出野生动物的分布受气候变化的影响。喇叭沟门自然保护区作为北京地区植被和野生动物资源较为丰富的地区，可以被列作生态监测定位研究基地。

表 3-9 喇叭沟门自然保护区鸟类居留型统计表

Table 3-9 Statistics of migrate type of avifauna in Labagoumen Nature Reserve

居留型	非雀形目		雀形目		总 计	
	种类	%	种类	%	种类	%
留 鸟	19	18.0	22	20.8	41	38.8
夏候鸟	17	16.0	26	24.6	43	40.6
冬候鸟	0	0	8	7.5	8	7.5
旅 鸟	6	5.6	8	7.5	14	13.1
总 计	**42**	**39.6**	**64**	**60.4**	**106**	**100**

3.4.4 鸟类保护物种

保护区分布有国家Ⅰ级重点保护鸟类 2 种，国家Ⅱ级重点保护鸟类 18 种，北京市一级保护鸟类 8 种，北京市二级保护鸟类 48 种。保护物种中猛禽大多处于食物链的顶端，需要以低级层次的生物作为营养来源，因而其多样性是衡量生态环境优劣的重要指标。在这些保护鸟类中北京市一级保护以上种类有游禽 2 种，涉禽 2 种，猛禽 15 种，陆禽 2 种，攀禽 3 种，鸣禽 4 种，这些种类或为稀有种，或为有名的森林益鸟，需要认真加以保护。该区鸟类保护物种简介如下。

（1）白肩雕 *Aquil heliaca*

体大（75cm）的深褐色雕。头顶及颈背皮黄色，上背两侧羽尖白色，尾基部具黑及灰色横斑，飞行时身体及翼下敷羽全黑色，两翼略成“V”形。分布于古北界、印度西北部及中国。全球性濒危且数量仍在下降。栖于开阔原野，喜在高空翱翔。国家Ⅰ级重点保护动物。喇叭沟门自然保护区有分布，但不常见，本次调查于 2004 年 7 月在七仙盆地区发现 1 只。

（2）黑鹳 *Ciconia nigra*

体大（100cm）的黑色鹳类。下腹胸及尾下白色，嘴及腿红色，黑色部分具绿色和紫色光泽，飞行时翼下黑色，仅三级飞羽及初级飞羽内侧白色，眼周裸露皮肤红色，繁殖期发出悦耳喉音。分布于欧洲及中国北方，越冬至印度及非洲，季候鸟，繁殖于中国北方。罕见且数量仍在下降。栖于沼泽地带，池塘、湖泊、河流沿岸及河口，性惧人，冬季有时组小群活动。国家Ⅰ级重点保护动物。本次调查 2004 年夏、秋季在汤河上帽山至乡政府地段发现 1 只。

（3）鸳鸯 *Aix galericulata*

体小（40cm）而色彩艳丽的鸭类。雄鸟有醒目的白色眉纹、金色颈，背部具可直立的独特的棕黄色炫耀性“帆状饰羽”，雌鸟不甚艳丽，非繁殖期雄鸟似雌鸟，但嘴为红色，常安静无声。分布于东北亚、中国东部及日本。繁殖于中国北方，于南方过冬。全球性近危，数量稀少。活动于多林木的溪流。国家Ⅱ级重点保护动物。汤河内有挺水植物的区段少量分布，2004 年夏季见有 2 对。

（4）苍鹰 *Accipiter gentilis*

体大（65cm）而强健的鹰。无冠羽，上体褐灰，具白色宽眉纹，下体白色具粉褐色横斑，上体青灰。世界广布，分布于北美洲、亚欧大陆、北非，在温带亚高山森林甚常见。为林地鹰类，两翼宽圆，能快速翻转。国家Ⅱ级重点保护动物。喇叭沟门自然保护区有一定分布，2003 年初冬季节见于孙栅子村，亚成体 1 只。

（5）雀鹰 *Accipiter nisus*

中等体型（35cm）的鹰。上体褐灰，下体白色具褐色横斑，尾具横带，偶尔发出尖利的叫声。繁殖于古北界，越冬至印度、东南亚及非洲。喜林缘或开阔林区，飞行中捕食。国家Ⅱ级重点保护动物。喇叭沟门自然保护区有一定分布，本次调查在帽山、胡营地区发现 5 只。

（6）松雀鹰 *Accipiter virgatus*

中等体型（33cm）的深色鹰。无冠羽，上体深灰色，两胁灰色具褐色横斑，下体白色具褐色横斑，尾具粗横带，喉白具黑色喉中线。繁殖于古北界，冬季南迁至中国南方越冬。振翅较迅速，结群迁徙。国家Ⅱ级重点保护动物。喇叭沟门自然保护区有一定分布，2004 年 7、10 月在帽山、胡营地区发现 3 只，为一个家庭群。

（7）普通　 *Buteo buteo*

体略大（55cm）的红褐色　。上体深红褐色，脸侧栗色纹明显，两胁及大腿棕色，下体白色具棕色纵纹，尾具黑色横纹，飞行时两翼宽而圆，略成“V”形，初级飞羽内侧具特征性白色斑块。繁殖于古北界，越冬至印度、东南亚及北非。喜在高空翱翔，在裸露树枝休息。国家Ⅱ级重点保护动物。喇叭沟门自然保护区有一定分布，2004 年 8 月见于北辛店大房沟 2 对，并拾获其捕食后剩余的林姬鼠头部和消化道。

（8）大　 *Buteo hemilasius*

体大（70cm）的棕色　。尾上偏白具横斑，腿深色，次级飞羽具清楚的深色条带，尾褐色。繁殖于中国北部及东北部、青藏高原、蒙古，冬季南迁至华中、华东地区。爪强健有力，能捕捉野兔。国家Ⅱ级重点保护动物。喇叭沟门自然保护区有一定分布，见于北辛店、孙栅子、缸房沟，共 5 只。

（9）秃鹫 *Aegypius monachus*

体型硕大（100cm）的深褐色鹫。具松软翎颌，颈部灰蓝。幼鸟脸部近黑，嘴黑，成鸟头裸出，皮黄色，嘴角质色，幼鸟头后常具松软的簇羽，两翼长而宽，具平行的翼缘，翼尖的七枚飞羽散开呈深叉形，尾短呈楔形。分布于欧洲至中亚及中国北部。全球性近危。食尸体但也捕捉活猎物，高空翱翔达几个小时。国家Ⅱ级重点保护动物。喇叭沟门自然保护区有一定分布，不常见，2004 年 10 月在西岔地区发现 1 只。

（10）红隼 *Falco tinnunculus*

体小（33cm）的赤褐色隼。头顶及颈背灰色，上体赤褐具黑色横斑，下体皮黄具黑色纵纹，尾圆形。分布于非洲、古北界及印度，越冬于东南亚。在空中飞行优雅，喜开阔林区。国家Ⅱ级重点保护动物。喇叭沟门自然保护区分布广，比较常见。

（11）燕隼 *Falco subbuteo*

体小（30cm）的黑白色隼。翼长，腿及臀棕色，上体深灰，胸乳白具黑色纵纹。分布于非洲及古北界，越冬南迁。地区性常见的留鸟与夏候鸟。飞行迅速，喜林缘或开阔林区。国家Ⅱ级重点保护动物。喇叭沟门自然保护区有分布，比较常见。

（12）游隼 *Falco peregrinus*

体大（45cm）的深色隼。头顶及脸颊近黑或具黑色条纹，上体深灰具黑色点斑及横纹，下体白，胸具黑色纵纹，腹部、腿及尾下多具黑色横斑。分布于世界各地。常成对活动，飞行甚快，在悬崖上筑巢。国家Ⅱ级重点保护动物。喇叭沟门自然保护区有一定分布，不常见。

（13）红脚隼 *Falco vespertinus*

体小（31cm）的灰色隼。腿、腹部及臀棕色，飞行时翼下覆羽白色，喉白，胸具黑色纵纹，腹具黑色横斑，下体乳白。繁殖于欧洲及中国北方，越冬至非洲，迁徙时结成大群。国家Ⅱ级重点保护动物。喇叭沟门自然保护区有一定分布，不常见。

（14）灰背隼 *Falco columbarius*

体小（30cm）而结构紧凑的隼。雄鸟头顶及上体蓝灰略带黑色纵纹，尾蓝灰具黑色次端斑，端白，下体黄褐具黑色纵纹，颈背棕色，雌鸟上体灰褐，腰灰，下体偏白而胸腹多褐色斑纹，尾具白色横斑。分布于全北界，越冬南迁。栖于沼泽及开阔草地，飞掠捕食小型鸟类。国家Ⅱ级重点保护动物。喇叭沟门自然保护区有一定分布，不常见。

（15）花尾榛鸡 *Tetrastes bonasia*

体小（33cm）的松鸡。具明显冠羽，喉黑而带白色宽边，上体烟灰褐色，两翼杂黑褐色，尾羽近褐，外侧尾羽带黑色次端斑而端白，下体皮黄，羽中部位带棕色及黑色月牙形点斑，嘴黑色。分布于欧亚大陆北部、阿尔泰山北部至萨哈林岛。常见于中国东北海拔 800～1000*m* 的针叶林区及有森林覆盖的平原地区。多成对活动，喜近溪流的稠密桦树林。国家Ⅱ级重点保护动物。北京鸟类新纪录，2004 年 10 月见于西岔。

（16）勺鸡 *Pucrasia macrolopha*

体大（61cm）而尾相对短的雉类。具明显的飘逸型耳羽束，雄鸟头顶及冠羽近灰，喉、枕及耳羽束金属绿色，颈侧白，上体皮黄色，胸栗色，雌鸟体型较小，具冠羽而无长的耳羽束，体羽图案与雄鸟同。分布于中国中部与东部。常单独或成对活动，喜多岩的多林山地。国家Ⅱ级重点保护动物。喇叭沟门自然保护区有一定分布，2003 年 10 月调查在白桦林地区发现 2 只实体，在其他地点均发现遗留的焦黑色粪便。

（17）灰鹤 *Grus grus*

体型中等（125cm）的灰色鹤。前顶冠黑色，中心红色，头及颈灰色，眼后至颈背具白色条纹，体羽余部灰色。分布于古北界，繁殖于东北与西北，冬季南迁。喜湿地、沼泽与浅湖，飞行姿态优雅。国家Ⅱ级重点保护动物。喇叭沟门自然保护区有一定分布，2004 年夏季仅见于帽山。

（18）雕鸮 *Bubo bubo*

体型较大（69cm）而有长耳羽簇的角鸮。眼亮黄而显大，体羽褐色斑驳，胸部片黄，多具深褐色纵纹且每片羽毛均具褐色横斑。繁殖于印度次大陆、古北界、中东。广泛分布但数量稀少。飞行迅速，振翅幅度小。国家Ⅱ级重点保护动物。喇叭沟门自然保护区各调查地点均有分布。

（19）长耳鸮 *Asio otus*

中等体型（36cm）的耳鸮。皮黄色面盘，边缘为褐色及白色，眼红黄，面盘嘴以上中央部位具明显白色“X”图案，上体褐色具暗色斑块及皮黄色和白色的点斑，下体皮黄色，具棕色杂纹及褐色纵纹或斑块，嘴角质灰色。分布于全北界。常见留鸟和季节性候鸟。栖于针叶林，夜行性，两翼长而窄，飞行从容。国家Ⅱ级重点保护动物。分布于村落居民点。

(20) 纵纹腹小鸮 *Athene noctua*

体小（23cm）而无耳羽簇的鸮。眼亮黄而长凝不动，上体褐色，具白色纵纹及点斑，下体白色具褐色杂斑及纵纹，肩上有两道白色或皮黄色的横斑。分布于古北界西部、中东、东北非、中亚及中国北方。常见留鸟。主要为夜行，间有部分昼行性，快速振翅做波状飞行。国家Ⅱ级重点保护动物。分布于浅山地带。

(21) 凤头䴙䴘 *Podiceps cristatus*

体大（50cm）而外形优雅的䴙䴘。颈修长，具显著的深色羽冠，下体近白，上体纯灰褐，繁殖期成鸟颈背栗色，颈具鬃毛状饰羽，嘴形长。分布于古北界、非洲、印度、澳洲，部分为候鸟。地区性常见鸟，广布于较大湖泊，繁殖期成对作求偶炫耀，两相对视，身体高高挺起并同时点头，有时嘴上还衔着植物。北京市重点保护动物。自然保护区有一定数量，2004 年 10 月调查见有 2 只，分布于开阔河流和人工筑坝形成的湖面。

(22) 蓝翡翠 *Halcyon pileata*

体大（30cm）的蓝色、白色及黑色翡翠鸟。头部黑，翼上覆羽黑色，上体其余为亮丽华贵的蓝色、紫色，两胁及臀沾棕色，飞行时白色翼斑显见，嘴红色。分布于中国及朝鲜，北方种群南迁越冬。在海拔 600m 以下的清澈河流边并不罕见。喜大河流两岸、河口及红树林，栖息悬于河上的枝头。北京市重点保护动物。自然保护区沿汤河有一个家庭分布。

(23) 灰头绿啄木鸟 *Picus canus*

中等体型（27cm）的绿色啄木鸟。下体全灰，颊及喉亦灰，雄鸟前顶冠猩红，眼先黑色，枕及尾黑色，雌鸟顶冠灰色而无红斑，嘴相对短而钝、近灰，常有响亮快速，持续至少 1 秒的錾木声。分布于欧亚大陆、印度、中国大陆、东南亚等地。不常见，但广泛分布于各类林地甚或城市园林。怯生谨慎，常活动于小片林地及林缘，亦见于大片林地。北京市重点保护动物。分布于村落高大的杨、槐树。

(24) 大斑啄木鸟 *Picoides major*

体型中等（24cm）的常见白黑相间的啄木鸟。雄鸟枕部具狭窄红色带而雌鸟无，两性臀部均为红色，但带黑色纵纹的近白色胸部上无红色或橙红色，嘴灰色，錾木声响亮，并有刺耳尖叫声。分布于欧亚大陆的温带林区。中国为分布最广泛的啄木鸟，见于整个温带林区、农作区及城市园林。錾树洞营巢，吃食昆虫及树皮下的蛴螬。北京市重点保护动物。与灰头绿啄木鸟同域分布，且有种间互驱行为。

(25) 黑卷尾 *Dicrurus macrocercus*

中等体型（30cm）的蓝黑色，嘴小，尾长而叉深，在风中常上举成一奇特角度，亚成鸟下体下部具近白色横纹，叫声多变。分布于伊朗至印度、中国及东南亚。常见的繁殖候鸟及留鸟。栖于开阔原野低处，常立在小树或电线上。北京市重点保护动物。分布于各类农田附近。

(26) 红嘴蓝鹊 *Urocissa erythrorhyncha*

体长（68cm）且具长尾的亮丽蓝鹊。头黑而顶冠白，腹部及臀白色，尾楔形，外侧尾羽黑色而端白，嘴红色，脚红色，发出粗哑刺耳的联络叫声和一系列其他叫声。分布于喜马拉雅山脉、印度、中国、缅甸。常见并广泛分布于林缘地带、灌丛甚至村庄。性喧闹，结小群活动，以果实、小型鸟类及卵、昆虫和动物尸体为食，常在地面取食，主动围攻猛禽。北京市重点保护动物。分布较广泛，常见于中、低山地带，鸣叫声婉转、羽色鲜艳亮丽，是观鸟旅游的主要观赏对象。

（27）灰喜鹊 *Cyanopica cyana*

体小（35cm）而细长的灰色喜鹊。顶冠、耳羽及后枕黑色，两翼天蓝色，尾长并呈蓝色，嘴黑色，叫声为粗哑高声的“zhruee”或清晰的“kwee”声。分布于东北亚、中国、日本。常见且广泛分布于中国华东及东北。性吵嚷，结群栖于开阔松林及阔叶林、公园甚至城镇，飞行时振翼快，作长距离的无声滑翔，在树上、地面及树干上取食，食物为果实、昆虫及动物尸体。北京市重点保护动物。分布较广，常见于村落附近。

（28）寿带 *Terpsiphone paradisi*

中等体型（22cm，雄鸟计尾长再加 20cm）的鹟类，头闪辉黑色，冠羽显著，雄鸟易辨，具两种色型，一对中央尾羽在尾后特形延长，可达 25cm；雌鸟棕褐，头闪辉黑色，但尾羽无延长，嘴蓝色，发出笛声及甚响亮的“chee - tew”联络叫声。分布于土耳其、印度、中国、东南亚。一般甚常见于低地林。通常从森林较低层的栖处捕食，常与其他种类混群。北京市重点保护动物。喇叭沟门自然保护区有少量分布，不常见。

3.4.5 鸟类资源利用

许多鸟类在繁殖期以捕食各种昆虫为主，是人类控制农林业害虫的好帮手，需要大力保护；同时这些鸟的鸣叫声婉转，体色艳丽，因而可将观鸟活动作为生态旅游的一个重要项目，达到经济效益和环保教育双赢的效果。雀科小鸟体羽大多呈鲜艳的红色，集群生活，常见于居民区附近，可作为冬季旅游观鸟的重点对象。但鸦科鸟类在春季播种和秋季农作物成熟时取食大量种子，成为季节性害鸟，需采取措施减轻危害，但不宜采取药物毒杀的方法。

各种捕食性鸟类捕食大量的昆虫、森林鼠类，对于维持稳定的森林生态环境起显著的作用，特别是在夏季，种类和数量繁多的繁殖鸟主要以各种昆虫为食，隼形目和鸮形目的鸟类则捕食各种森林鼠类，因此，可采取以白桦林为依托开展生态旅游，结合汤河组织一定规模的观鸟旅游活动。

3.5 兽类

3.5.1 兽类种类及分布

喇叭沟门自然保护区分布的兽类共有 6 目 15 科 30 种（表 3 - 10），不同的生境类型与兽类的分布有直接关系，森林环境中主要以岩松鼠 *Sciurotamia davidianus*、花鼠 *Eutamias sibiricus*、野猪 *Sus scrofa*、豹猫 *Felis bengalensis* 等动物为主，沼泽草甸等开阔地带则栖息着草兔 *Lepus capensis*、黄鼬 *Mustela sibirica*、狍 *Capreolus capreolus* 等动物，农田以及居民点则适合普通伏翼 *Pipistrellus abramus*、褐家鼠 *Rattus norvegicus*、社鼠 *R. confucianus*、猪獾 *Arctonyx collaris* 等动物。动物的分布不仅取决于动物本身的生活习性特点，也与生境内的食物丰富度、饮水和隐蔽条件密切相关，同时还受一些其他因素的影响。在数量上岩松鼠、花鼠、托氏兔 *Lepus tolai*、褐家鼠、猪獾等动物较高。以往文献记载的狼、豺、豹等大型食肉类动物即使在访问调查中也没有存在的证据。

表 3-10 喇叭沟门自然保护区兽类生态分布与数量

Table 3-10 Amount and ecological distribution of beast in Labagoumen Nature Reserve

种名	区系	垂直分布带		生境			数量级
		低山	中山	森林	灌丛	农田	
刺猬 *Erinaceus europaeus*	O	√	√	√	√	√	+
麝鼹 *Scaptochirus moschatus*	B	√	√	√	√	√	+
小麝鼩 *Crocidura suaveolens*	O	√	√		√	√	+
东方蝙蝠 *Vespertilio sinensis*	E	√	√	√	√	√	+
山蝠 *Nycatalus noctula*	U	√	√	√	√	√	+
须鼠耳蝠 *Myotis mystacinus*	U	√	√	√	√	√	+
普通伏翼 *Pipistrellus abramus*	E	√	√	√	√	√	+ +
草兔 *Lepus capensis*	O	√	√	√	√	√	+ +
岩松鼠 *Sciurotamia davidianus*	O	√	√	√	√	√	+ +
花鼠 *Eutamias sibiricus*	U	√	√	√	√	√	+ +
褐家鼠 *Rattus norvegicus*	U	√	√	√	√	√	+ +
社鼠 *Rattus confucianus*	W	√	√	√	√	√	+ +
小家鼠 *Mus musculus*	U	√	√	√		√	+ +
大林姬鼠 *Apodemus peninsulas*	X	√	√	√	√	√	+ +
中华姬鼠 *Apodemus draco*	S	√	√	√	√	√	+ +
黑线姬鼠 *Apodemus agrarius*	U	√	√	√	√	√	+ +
大仓鼠 *Cricetulus triton*	X	√	√	√	√	√	+
中华鼢鼠 *Myospalax fontanieri*	B	√		√	√	√	+ +
棕背䶄 *Myodes rufocanus*	U	√	√	√	√	√	+ +
赤狐 *Vulpes vulpes*	C	√	√	√	√		+
貉 *Nyctereutes procyonoides*	E	√	√	√	√		+ +
黄鼬 *Mustela sibirica*	U	√	√	√	√	√	+
青鼬 *Martes flavigula*	W	√	√	√	√	√	+
艾虎 *Mustela eversmannii*	U	√	√	√	√	√	+
猪獾 *Arctonyx collaris*	W	√	√	√	√	√	+ +
豹猫 *Felis bengalensis*	W	√	√	√	√		+
果子狸 *Paguma larvata*	W		√	√	√		+
野猪 *Sus scrofa*	U	√	√	√	√	√	+ +
狍 *Capreolus capreolus*	U	√	√	√	√		+
斑羚 *Naemorhedus goral*	E		√	√	√		+

注：分布型依照《中国动物地理》（张荣祖，1999）

在30种兽类中有食虫目3科3种，翼手目1科4种，兔形目1科1种，啮齿目3科11种，食肉目4科8种，偶蹄目3科3种，分别占保护区兽类种数的10.0%、13.3%、3.3%、36.7%、26.7%和10.0%（表3－11）。本次调查没有对翼手目种类进行捕捉鉴定，因而在种类上尚有进一步增加的空间，其余种类为本地区广泛分布。

表3－11　喇叭沟门自然保护区兽类分科组成

Table 3－11　Statistics of families and species of beast in Labagoumen Nature Reserve

目	科	种	小计	占种数%
食虫目	猬　科	1	3	10.0
	鼹　科	1		
	鼩鼱科	1		
翼手目	蝙蝠科	4	4	13.3
兔形目	兔　科	1	1	3.3
啮齿目	松鼠科	2	11	36.7
	鼠　科	6		
	仓鼠科	3		
食肉目	犬　科	2	8	26.7
	鼬　科	4		
	猫　科	1		
	灵猫科	1		
偶蹄目	猪　科	1	3	10.0
	鹿　科	1		
	牛　科	1		
合　计	**15**	**30**	**30**	**100.0**

3.5.2　兽类的区系特征

自然保护区兽类的区系组成如下：古北界24种（占总数80.0%）、东洋界6种（占总数20.0%）（表3－12）。该地区兽类区系是以古北界种类为主，同时具有少量东洋界种类。在动物地理方面，北京为一些东洋界种类的分布北限，而保护区又处于北京的最北部，古北界种类比较多是与当地自然环境相符的。分布型中古北型和东洋型种类较多，同时有一些季风型种类。

表3－12　喇叭沟门自然保护区兽类区系分析

Table 3－12　Analysis to fauna of beast in Labagoumen Nature Reserve

科	区　系							
	全北型	古北型	东北—华北型	华北型	季风型	南中国型	东洋型	广布型
猬　科								1
鼹　科				1				

（续）

科	区系							
	全北型	古北型	东北—华北型	华北型	季风型	南中国型	东洋型	广布型
鼩鼱科		1						
蝙蝠科		2			2			
兔　科								1
松鼠科		1						1
鼠　科		3	1			1	1	
仓鼠科		1	1	1				
犬　科	1				1			
鼬　科		2					2	
猫　科							1	
灵猫科							1	
猪　科		1						
鹿　科		1						
牛　科					1			
总　计	**1**	**12**	**2**	**2**	**4**	**1**	**5**	**3**

注：分布型依照《中国动物地理》（张荣祖，1999）

3.5.3　兽类保护物种

保护区分布有国家Ⅱ级重点保护兽类2种，北京市一级重点保护兽类4种，北京市二级重点保护兽类10种。兽类保护物种大多为处于食物链顶端的食肉目动物，生态价值比较高，需要认真加以保护。但本次调查发现，部分居民使用兽夹、套子等工具捕杀野生动物，比较常见的捕杀对象有：托氏兔、黄鼬、艾虎、猪獾、狍、貉、豹猫等。但保护区的执法检查力度较弱，经常有收购皮毛的商贩游走于各村，也有些村民为满足游客对野味的需要而乱捕野生动物，保护区在加大监管力度的同时应对当地居民进行恰当的宣传教育，尽量减少上述情况的发生，但根本途径是以其他方式增加居民的收入。该区重要兽类保护物种简介如下。

（1）青鼬 *Martes flavigula*

体型较大（50cm）的鼬类。形似黄鼬，但体较长，体重也略大，体棕褐色，喉部有橙黄色斑，尾很长。分布于东北、华北、华东、华南及西南。栖息于丘陵与山地森林，居于树洞内，多于晨昏活动，善爬树，成对或成群活动。食性比较广泛，食物有啮齿类、小鸟及鸟卵等，更喜食蜂蜜。毛皮可制裘，能消灭野鼠，系益兽。国家Ⅱ级重点保护动物。调查中访问得知毛皮收购小贩曾收得该种皮毛，证明保护区有一定分布，但数量稀少。

（2）斑羚 *Naemorhedus goral*

体型中等（110cm）的羚类。形似家养山羊，但无胡须，体较短健，四肢也短，体棕黑褐色，喉部有一块白斑，雌雄均具黑色短直的角。分布于东北、华北、西南、华南等地。特别善于攀岩，栖息于远郊的山地森林山嵴地带，有时结小群。食物全部为植物，但是四季不同。国家Ⅱ级重点保护动物。喇叭沟门自然保护区有一定分布，但本次调查未找到痕迹。

（3）赤狐 *Vulpes vulpes*

体型中等（70cm）的狐类。体背棕黄或呈棕红，耳背面上半部黑色而与头部毛色明显不同。分布于东北、华北、西南和华南等。居于树洞或其他动物的废弃洞中，大多晨昏活动。捕捉小型兽类和鸟类，其中鼠类是主要食物，此外也食浆果、昆虫及蠕虫等，是害鼠的天敌，也是著名的毛皮兽，可人工驯养。北京市重点保护动物。在各调查地点均有分布，但以获得粪便为依据。

（4）貉 *Nyctereutes procyonoides*

体型中等（70cm）的貉类。体型较短而较肥壮，吻部较短且四肢也较短，全身被乌褐色的蓬松体毛，头部两颊侧生白色长毛，尾短而粗。分布于中国东部地区。栖息于山地林缘或灌丛，居于树洞或其他动物的废弃洞中，夜行性。杂食性，以植物果实等为食，也吃啮齿类、蛙、鱼、蛇及昆虫等，也盗食庄稼。毛皮有一定价值。北京市重点保护动物。喇叭沟门自然保护区分布较广，且数量较多，捕捉后出售毛皮和野味。1998年9月调查被捕获10只，2003年10月调查捕获5只，2004年8月调查捕获8只。

（5）豹猫 *Felis bengalensis*

体型较小（60cm）的猫科动物。体形大小似家猫，背部、腹面和四肢具纵列斑点，腰及臀部斑点较小，体背毛呈土黄色，脸部具黑色纵条斑。分布于除新疆干旱地区外的中国各个地区。栖息于山地林缘或灌丛，独栖或雌雄同栖，居于树丛间的岩缝、崖洞或大石块下。食物包括鸟类、鼠类、野兔、蛙、鱼和昆虫等。北京市重点保护动物。分布较广，常见被捕后以野味的形式出售给游客。2003、2004年10月在某旅游开发集团养殖地捕获2只。

（6）果子狸 *Paguma larvata*

体形中等（60cm）的灵猫类。从鼻端向后至前背有一白纹，眼后和眼下各具一块白斑，成体身上无任何条纹和斑点，上体、体侧、四肢上部均呈暗棕黄色或深灰红，腹部灰白色，足和尾端近黑色。分布于华北、西北、西南及东南沿海各省。善攀缘，居于树洞或岩洞。杂食性，以植物树叶、果实为食，也吃小鸟、鸟卵、蛙及昆虫等。毛皮可利用，可人工驯养。北京市重点保护动物。喇叭沟门自然保护区有一定分布，但数量少，2004年夏季被索套捕获1只。

（7）野猪 *Sus scrofa*

体型较大（150cm）的偶蹄动物。似家猪，但脸部较长，吻部较尖，犬齿发达呈獠牙状，腿脚短而强健，尾较短，全身被稀疏粗硬针毛，毛色为棕黑色或黑色，夹杂有色斑。分布于中国各地区。栖息于山地森林或灌丛，无固定住处，多于晨昏活动，成对或单只活动，夏季喜在泥塘中打滚。杂食性，以植物枝叶、果实、根茎等为食，也吃啮齿类、蚯蚓及昆虫等，也盗食庄稼。北京市重点保护动物。足迹见于帽山、孙栅子、北辛店、西岔，2004年10月检查其粪便均为消化后的玉米皮。

3.5.4 兽类资源利用

保护区兽类中只有獾的数量较多，可以进行一定的经济利用开发，北方民间以獾油作为土法治疗烫伤的药剂，可以结合生态旅游开展一些人工饲养活动。但对于野生动物资源来讲，兽类是森林生态系统中的重要组成部分，而捕食性兽类更是森林鼠类的主要捕食者，对于维持森林生态系统平衡有重要作用。中、大型有蹄类又是大型捕食性猛兽的猎物，目前狍和野猪的数量还没有达到可以维持大型猛兽的水平，因而，近期内不存在猛兽对人类的威胁，管理方式应该以保护为主，为自然资源的长期可持续开发利用打下一个良好的基础。

3.6 有害动物防治

根据调查，仅居民点的鼠类有可能成为疾病传染源。另外，森林鼠类啃食多种树木的树皮、树根、种子，造成林木生长缓慢。因此，在中低山区及人工造林主要地区，应注意防治鼠害，但要注意的是灭鼠应因势而行，因为保护区内许多动物都是鼠类天敌，如鹰、鸮、蛇等，应充分利用天敌进行生物防治，对天敌进行严格保护，同时应严禁使用剧毒鼠药，避免破坏生态平衡。农田中的植食性鸟类尚未达到危害的地步，且其中大部分种类也消灭了大量的农林害虫，因此目前对植食性鸟类采取监测的手段即可，监测的工作可以由当地林业和协作的科研单位联合完成。

近年北京地区的蝮蛇呈现分布区逐渐扩大的趋势，构成了对户外旅游人员的潜在威胁，这一方面是人为捕捉减少带来的种群恢复，另一方面也与蝮蛇的天敌数量少有关，该蛇是本地区唯一的剧毒蛇，其天敌主要是各种猛禽，由于前些年滥用剧毒灭鼠药导致大量猛禽出现二次中毒死亡，蝮蛇的数量上升、分布扩展，成为直接威胁人类生命安全的有害动物，对该蛇的防治采用人工捕杀不能从根本上解决问题，只有通过恢复天敌的种类和数量，以生物防治的途径限制蝮蛇的扩散和数量发展才是最佳选择。

3.7 保护管理建议

保护区中风景最好的白桦林区域已由北京红螺旅游开发公司经营，并采取移民安置的方式改善了旅游环境，带动了观光主体区域孙栅子村居民开展民俗户经营的积极性，促进了社区经济发展，但边缘区域的居民并未从保护资源活动中获得应有的利益补偿，因此，捕杀野生动物，出售野味就成为他们获得收入的一种渠道，这就违反了以生态旅游促进社区发展的初衷，是一条不能持续发展的道路，必须进行调整。保护区独特的自然地理环境和丰富的动植物资源在北京地区具有一定的代表性，具有较高的科学研究价值，在合理规划生态旅游从事经济开发过程中，对野生动物多样性动态的监测就成为保证自然资源可持续发展的首要条件。

一、明确保护区的任务，进行科学规划、分区管理。对于帽山等核心区以保护为主，而对于孙栅子等民俗村可以旅游为主，对于保护景观多样性尽力而为。生态旅游是一种长期可持续发展的产业，不应急功近利于一时。

二、由于保护区是综合自然保护区和生态旅游为一体的自然单元，应科学地、有计划地开展特色旅游活动，以保护促旅游，以资源服务旅游，改变现行单一的观赏植被风景的传统项目，增添欣赏野生动物的内容，如观鸟、看野猪、给狍子拍照等活动，既丰富了旅游项目，寓教于乐，又合理地利用了野生动物资源。

三、加强对当地群众的宣传教育，结合其切身利益，使其了解保护野生动物的有关法规，加强保护野生动物的意识，土法乱捕野生动物的设备可能会对一些珍稀动物造成意外伤害，也可能伤及游客。同时还应提供可操作的致富途径解决社区所有居民对经济发展的渴求，合理分配生态旅游的利益。

四、防治水污染，该地区的山涧溪流基本未被污染，而汤河多处出现富营养化污染现象，主要是由生活污水未处理直接排放和生活垃圾处理不当造成的。建议保护区及当地政府进行居民垃圾与污水的无害化处理，同时加强宣传教育提高当地居民的垃圾无害化处理意识。水污染问题如能解决，对于保护区环境的改善大有好处，也为生态旅游开展新项目提供了物质基础。

五、加强科研管理工作，建立保护区管理档案，每年对保护区环境的各个方面实行监测，并及时根据监测结果调整管理计划，达到科学动态管理的目的，这种长期、系统的监测对于提高整个保护区的科技含量有着重要意义，整个风景区的管理也会更加科学规范，同时系统的监测结果本身就是一笔宝贵的科研财富。这项工作需要保护区管理处与科研院所相互配合、共同完成。

第4章 昆虫

保护区内森林植被类型多样，生态环境复杂，为昆虫的繁衍和生存提供了理想场所。喇叭沟门自然保护区森林昆虫资源较为丰富，据调查，该区共有昆虫13目99科397种，已鉴定280种。其中包括我国珍稀昆虫宽纹北箭蜓 *Ophiogomphus spinicornis*（现中文名已改为棘角蛇纹春蜓），2种国家林业局2000年发布的“三有”昆虫：绿步甲 *Carabus smaragdinus* 和中华蜜蜂 *Apis cerana*。本区昆虫多为森林昆虫，农业昆虫较少。

4.1 昆虫种类及分布

考察时主要根据喇叭沟门自然保护区的生态环境特点，采用网捕、灯诱等方法，调查昆虫的种类、分布。并用红糖、醋和水配的试剂诱捕了步甲科和埋葬甲科等地面活动的昆虫。此次调查并结合北京林业大学1998年对保护区的考察记录，初步整理出昆虫12目85科280种（详见附录3：北京喇叭沟门自然保护区昆虫名录）。其中鳞翅目与鞘翅目的种类最多。

4.1.1 水域昆虫

发源于丰宁县邓家栅子的汤河纵贯喇叭沟门自然保护区，喇叭沟门自然保护区内分布的6条长达数十千米的大沟，扇状分布于汤河两侧，将自然保护区内的全部地表径流汇集于汤河，成为汤河的主要集水区。几条主要沟谷中有多处泉眼，终年流水，这些湿润的环境，为很多水生及喜湿昆虫提供了生存条件。

2005年9月在汤河边专门做了昆虫种类调查，发现半黄赤蜻 *Sympetrum croceolum*，条斑赤蜻 *Sympetrum striolatum*、透顶单脉色蟌 *Matrona basilaris*、大青叶蝉 *Tettigoniella viridis* 等种类较多。

在沟谷小溪中最为常见的是半翅目黾蝽科 Gerridae 昆虫。另外在溪底可以见到石蛾与蜉蝣的幼虫，这类昆虫大部分对水质的要求很高，已被国内外作为水质监测的指示性昆虫。

4.1.2 山地昆虫

喇叭沟门自然保护区内山地的昆虫资源较为丰富，但在深山的次生林中，由于枝叶茂盛，林内少见阳光，昆虫种类较为单一。山地昆虫主要的种类有：漫丽白眼蝶 *Melanagia meridionalis*、蛇眼蝶 *Minois dryas*、条斑赤蜻 *Sympetrum striolatum*、赤条蝽 *Graphosoma rubrolineata*、广二星蝽 *Stollia ventralis*、丽草蛉 *Chrysopa formosa*、中华弧丽金龟 *Popillis quadriguttala*、虎皮斑金龟 *Trichius fasciatus*、眼斑芫菁 *Mylabris cicharii*、异色瓢虫 *Leis axyridis*、奇变瓢虫 *Aiolocaria mirabilis*、桃红颈天牛 *Aromia bungii*、红缘天牛 *Asias halodendri*、星天牛 *Anoplophora chinensis* 等。

4.1.3 灯诱与食诱昆虫

2005 年于黄甸子鑫龙鹏鹤度假村、喇叭沟门保护区接待处进行了灯诱，共诱到蛾类 18 科百余种。在黄甸子周边的油松林里埋了 10 个瓶子（内装红糖、醋和水配的试剂）诱到步甲科麻步甲 *Carabus brandti*、绿步甲 *Carabus smaragdinus* 和埋葬甲科 Silphidae 大黑埋葬虫 *Nicrophorus concolor*、亚洲尸藏甲 *Necrodes asiaticus* 等昆虫。

4.2 昆虫资源

4.2.1 观赏昆虫

观赏昆虫是指能够美化人们生活的昆虫，主要有蝴蝶类和鸣虫类。保护区内有多种观赏蝶类，其中凤蝶科 4 种：绿带翠凤蝶 *Papilio maackii*、柑橘凤蝶 *Papilio xuthus*、金凤蝶 *Papilio machaon*、丝带凤蝶 *Sericinus montelus*。鸣虫类有黑油葫芦 *Gryllus mitratus*、优雅蝈螽 *Gampsocleis gratiosa* 等。春夏季节，彩蝶飞舞，四处虫鸣为自然保护区增添了勃勃生机。

4.2.2 传粉昆虫

早在白垩纪，花和昆虫便建立了共同进化的关系。凡能在植物花间飞舞采粉，由一朵花到另一朵花的昆虫通称为传粉昆虫。大部分传粉昆虫隶属于膜翅目、双翅目、鞘翅目、半翅目、鳞翅目、缨翅目。其中膜翅目昆虫是传粉昆虫的优势类群。保护区中传粉昆虫资源丰富，主要有中华蜜蜂 *Apis cerana* 等大部分膜翅目昆虫，小豆长喙天蛾 *Macroglossum stellatarum* 以及大部分的蝶类、黑带蚜蝇 *Episyrphus balteatus*、斜斑鼓额蚜蝇 *Scaeva pyrastri*、月斑鼓额蚜蝇 *Scaeva selenitica*、羽芒宽盾蚜蝇 *Phytomia zonata* 等双翅目的昆虫，以及黄带蓝天牛 *Polyzonus fasciatus* 等其他昆虫。

4.2.3 天敌昆虫

天敌昆虫是指用来防治害虫的昆虫种类，它们对害虫的控制主要通过取食害虫、取食害虫虫卵、寄生于害虫虫卵等方式控制害虫的数量。自然保护区内主要天敌昆虫有褐菱猎蝽 *Isyndus obscurus*、独环真猎蝽 *Harpactor altaicus*、暗素猎蝽 *Epidaus nebulo*、丽草蛉 *Chrysopa formosa*、大草蛉 *Chrysopa septempunctata*、七星瓢虫 *Coccinella septempunctata* 等。

4.2.4 珍稀昆虫

保护区中分布有国家珍稀昆虫宽纹北箭蜓 *Ophiogomphus spinicornis*（现中文名已改为棘角蛇纹春蜓），在汤河流域数量较多，保护区中水环境的质量与此蜻蜓的种群数量关系很大。另外，喇叭沟门分布有2种国家林业局2000年发布的“三有”昆虫：绿步甲 *Carabus smaragdinus* 和中华蜜蜂 *Apis cerana*，其中中华蜜蜂虽是“三有”昆虫，但其在北京甚至中国已经成为受胁物种，由于近年来攻击性很强的“洋蜂”被大量引入，北京本土野生中华蜜蜂已濒临灭绝，就是人工种群也由以前的上万群剧减到目前的不足120群。而中华蜜蜂一旦完全灭绝，会影响整个与之有关的植物共生生态系统的变化。所以保护好喇叭沟门这片北京最大的天然林区，对中华蜜蜂的种群恢复是有利而无害的。另外，保护区中还分布有很多在北京很少见的昆虫，如斑股锹甲 *Lucanus maculifemoratus*，2005年只在孙栅子附近发现一雌一雄，去年在同一地点发现一雌性，除此之外近年在北京还没有其他采集到的记录。

第 5 章 大型真菌

5.1 大型真菌的种类及其分布

5.1.1 真菌概述

大型真菌在自然界和生态系统的物质循环中起着重要作用，他们主要营寄生腐生生活，能将植物凋落物中的复杂有机物转化为各种无机物，以供再度利用，同时不少种类的大型真菌能与许多林木的根系共生形成菌根。菌根能分泌各种有机酸和碱类物质，有利于土壤中有机物质的分解，而且还扩大了根系对水分的吸收和各种营养物质的吸收，特别是对磷的吸收，增加了林木合成有机物质的能力。

大型真菌一年四季都有生长，特别是夏秋季节气候湿润，温度适宜，生长就更加旺盛，它们的发生地因种而异，而且比较固定。可以在雨后的林地、路边甚至粪堆上采到它们。有的种类单生，有的丛生，还有的能形成蘑菇圈。

5.1.2 真菌种类组成

（1）分类情况

系统调查，喇叭沟门自然保护区共计有大型真菌 27 科 127 种（详见附录 4：北京喇叭沟门自然保护区大型真菌名录）。

（2）优势科分析

喇叭沟门自然保护区真菌种类最多的是多孔菌科 Polyporaceae 和白蘑科 Tricholomataceae（也就是群众所说的口蘑），各 22 种，各占全部种的 17. 32%；红菇科 Russulaceae 13 种，占全部种的 10. 24%；刺革菌科 Hymenochaetaceae、牛肝菌科 Boletaceae 各 8 种，各占全部种的 6. 30%；鬼伞科 Coprinaceae 7 种，占全部种的 5. 51%；丝膜菌科 Cortinariaceae 6 种，占全部种的 4. 72%。这 7 科总共 86 种，占鉴定种数的 67. 72%，而科数只占总科数的 25. 93%（表 5 - 1）。对各个采集点采集样本的种类进行了统计，结果如表 5 - 2。

表5-1　喇叭沟门自然保护区大型真菌优势种（≥7种）统计表

Table 5-1　Statistics of large epiphyte in Labagoumen Nature Reserve

类　别	种数	所占种数百分比（%）
多孔菌科	22	17.32
口蘑科	22	17.32
红菇科	13	10.24
牛肝菌科	8	6.30
刺革菌科	8	6.30
鬼伞科	7	5.51
丝膜菌科	6	4.72
总　计	**86**	**67.72**

表5-2　喇叭沟门自然保护区各采集地点真菌分布

Table 5-2　Distribution of site epiphyte found in Labagoumen Nature Reserve

地区	种数	所占种数比例（%）	生　境
孙栅子	42	33.07	路边、华北落叶松林、农田
下帽山	54	42.52	油松林和山杨林
南猴顶	61	48.03	白桦山杨混交林
北辛店	46	36.22	各种落叶阔叶树混交林

通过表5-2分析，可知大型真菌主要生长在林子里，针阔混交林比单一性质的林地为多，有些种类从700m的孙栅子村到1705m的南猴顶都有分布。

5.2　大型真菌资源

5.2.1　食毒分析

大型真菌按毒性来分可分为有毒和无毒两大类，无毒类又可以细分为食用、药用、不采食，因此把表5-3分四部分归类。

表5-3　喇叭沟门自然保护区真菌食毒分析

Table 5-3　Analysis of esculent of epiphyte in Labagoumen Nature Reserve

类别	种数	所占种数比例（%）	代表种
毒菌	29	22.83	白毒伞 *Amanita verna*
食用菌	78	61.42	蜜环菌 *Armillariella mellea*
药用菌	46	36.22	猪苓 *Grifola umbellate*
不采食菌	25	19.69	干小皮伞 *Marasmius. siccus*

注：其中有些真菌既可食用，也可药用。

5.2.2　毒菌

喇叭沟门自然保护区现在已经开展了旅游活动，有些游客游玩的同时会采食一些菇菌，它们中有的味道鲜美，但是还有很多是有名的毒菇，由于含有不同的毒素，误食中毒，轻者头痛呕吐，神经错乱，重者会导致死亡。因此采食时应特别注意。以下提供几种社区居民的经验，虽不详尽，但也是可取的。

①菌盖色泽艳丽，或呈粘土色，表面粘脆；或菌盖上有附生物，菌柄上有菌环菌托者勿采。

②气味恶臭，味道极辣，极苦，汁液浑浊者勿采。

③鸟不啄食，鼠兽不食，虫不蛀者勿采。

④生于阴暗污秽地方的勿采。

⑤一般夏季真菌少采食，多数美味菌菇在立秋之后生长。

毒菌种类主要有白毒伞 *Amanita verna*、块鳞青鹅膏菌 *Amanita excelsa*、白毒鹅膏菌 *Amanita verna*、豹斑鹅膏 *Amanita pantherina*、蛇头菌 *Mutinus canius*。

5.2.3 无毒菌

食用菌主要有蜜环菌 *Armillariella mellea*、松口蘑 *Tricholoma matsutake*、蘑菇 *Agaricus campestris*、松乳菇 *Lactarius deliciosus*、短裙竹荪 *Dictyophora duplicata*、橙盖鹅膏 *Amanita caesarea*、猴头菌 *Hericium erinaceus*。

药用菌主要有猪苓 *Grifola umbellate*、桦褶孔菌 *Lenzites betulina*、梨形马勃 *Lycoperdon pyriforme*、网纹马勃 *Lycoperdon perlatum*、大秃马勃 *Calvatia giganta*。

喇叭沟门自然保护区对次生林的破坏相对较轻，经过近几年的保护恢复，森林植被的覆盖率和郁闭度都有了很大的提高，再加上水分、土壤适宜，使得保护区内的大型真菌的发生率较高。

另一方面，大型真菌大量发生，导致当地群众上山采挖频繁，这给当地保护工作带来了一定的压力，对大型真菌资源破毁也随之加速。因此，保护区应该在加强管理的同时，积极引导社区群众尝试菇菌的驯化与引种，更好的保护与利用这些真菌资源。

第 6 章

旅游资源

6.1 自然旅游资源

6.1.1 得天独厚的气候条件

喇叭沟门自然保护区海拔较高，加之南北走向的汤河河谷是内蒙古冷空气南下通道，形成了该地区夏季凉爽的独特小气候。该区年平均气温为 7 ~ 9℃，7 月平均气温 22℃左右；≥0℃积温为 2800 ~ 3900℃，年降水量为 500mm 左右，无霜期为 120 ~ 140 天。由于保护区海拔大多在 800m 以上，森林覆盖率高，夏季平均气温较北京市区低 2 ~ 5℃、7 月平均气温较北京市区低 5 ~ 10℃，尤其是昼夜温差大，最热月（7 月）人们尚需薄棉被入夜御寒。所以喇叭沟门自然保护区人们被称之为“京城避暑山庄”。举世瞩目的承德避暑山庄（7 月）平均气温为 24.4℃，海滨旅游胜地北戴河 7 月平均气温为 24.1℃，喇叭沟门自然保护区的最热月气温均低于这两个全国著名旅游区。凡是到过保护区避暑的游客无不为之凉爽宜人的气候所吸引，有连续几年甚至十几年到此避暑的作家、退休老同志、休假的机关干部和大中学校的学生。在当前全球气候变暖，大城市“热岛效应”日趋严重的情况下，久居城市的人民十分渴望找到一处凉爽之地，躲避城市的喧嚣，接受大自然的洗礼。喇叭沟门自然保护区正以“凉、静、净”为其特色，成为首都居民休闲度假和盛夏避暑的理想之地。

6.1.2 奇特的地质地貌景观

喇叭沟门自然保护区地处燕山山脉。海拔 800m 以上的山地超过全区总土地面积的一半。海拔 1000m 以上的山峰数十座，环抱着怀柔区最高山峰—猴顶山。登上海拔 1697m 高的猴顶山顶峰，顿有“一览众山小”的感觉，这里可谓奇峰秀丽，沟谷纵横，风光无限。群山之中多奇峰怪石，如五松崖、秀云峰、猴王出世、百丈崖、七仙盆、天书等。

6.1.3 溪水潺潺的水域景观

发源于丰宁县邓家栅子的汤河纵贯喇叭沟门自然保护区，向东南至汤河口流入白河，白河再注入密云水库。分布于喇叭沟门自然保护区内的6条长达数十千米的沟谷，扇状分布于汤河两侧，几条主要沟谷中有多处山泉，终年流水。在帽山村塘泉沟有一恒温29℃温泉，水流常年不断。滔滔的汤河，滚滚的山泉，潺潺的林溪像银色的彩带，装点着翠绿的原野。每当夏季来临，松涛悦耳，溪流如歌，美景如画，令人赏心悦目。

6.1.4 丰富多彩的动植物资源景观

喇叭沟门自然保护区是北京市最重要的自然保护区之一，具体表现在面积最大、森林蓄积最高、植被类型最多、森林垂直结构最复杂，具有明显的森林气候和典型的森林景观。它的特色在于能使游客体验到大森林、尤其是“原始林”的气息，似乎置身于森林的海洋之中，这是区别于其他风景区或游览区的环境特征。像北京这样的特大城市，很多居民只在公园或风景游览区见到了“树林”，整体上还是一种人工景观，无法与浩瀚的“原生性森林”相提并论。喇叭沟门自然保护区是京城市民体验森林环境的最佳选择。

喇叭沟门自然保护区森林面积广、覆盖率高，植被类型多样，为各种植物的生存提供了适宜的环境，因此成为北京地区天然林植被保存最好，植物种类最多的地区之一。经过初步调查，鉴定出大型真菌154种，分属于37个科。其中食用菌中以猴头菌、竹荪较为著名，蜜环菌（俗称榛蘑）以及木耳、红铆钉菇（俗称松蘑）为当地重要的食用菌资源；在药用真菌中，除了传统的中药猪苓外，主要种类有多孔菌、毛革盖菌等，它们当中很大一部分是目前筛选抗癌新药的对象；野生植物种类丰富，形态各异。每年从4月开始，各种野生植物便开始浓妆淡抹、争奇斗艳。保护区内繁花似锦，美不胜收。

经初步调查，保护区内有兽类动物30种。大型动物主要有野猪、狍和斑羚。在远离村庄的森林深处，到处都能看到野猪活动的踪迹。斑羚和豹是国家重点保护动物，狐、貉、豹猫、花面狸、野猪是北京市重点保护动物，受到北京市保护的动物还有黄鼬、艾鼬、猪獾、狍、刺猬等。鸟类有106种。其中勺鸡、苍鹰、普通鵟、红隼、灰鹤属于国家Ⅱ级重点保护动物；普通秋沙鸭、环颈雉、石鸡、岩鸽、戴胜、黄眉柳莺、灰伯劳、大山雀、凤头百灵、灰喜鹊、斑啄木鸟、四声杜鹃、大杜鹃为北京市保护动物。在林中经常能看到环颈雉等鸟类飞舞的身影。爬行类主要有白条锦蛇、虎斑游蛇、王锦蛇、乌梢蛇。两栖类3种，其中中国林蛙是北京市保护动物。

喇叭沟门自然保护区内经鉴定和整理的昆虫有397种，隶属于13目99科，主要集中于鳞翅目、鞘翅目、双翅目、半翅目、膜翅目和直翅目。本区昆虫多为森林昆虫，农业昆虫较少。这里森林植被类型多样，生态环境复杂，为昆虫的繁衍和生存提供了理想场所。翩翩起舞的蛱蝶，色彩斑斓的橘黄凤蝶，身宽体长的樗蚕，以及大如小鸟的黑凤蝶，为这里的自然景观平添一丝动感和生机。

天然林中食物链复杂，天敌昆虫尤其是膜翅目昆虫较多，有效地抑制了虫害的发生，因而，夏季也很少有蚊虫叮咬现象发生，这是京郊旅游度假的佳境。喇叭沟门自然保护区丰富的生物多样性是青少年开展夏令营和进行科普宣传教育的好基地，也是人们了解大自然和大森林，欣赏缤纷的生物多样性世界的好去处。

6.2 人文旅游资源

喇叭沟门乡是满族自治乡，满族人口占全乡总人口的43%。据历史资料记载，该乡是原清朝时期八旗中上三旗之一的镶黄旗后裔。现在这里仍可以看到一些原清朝时期皇室的风俗习惯。

乡政府广场上依然矗立着正黄旗、镶黄旗、正红旗、镶红旗、正白旗、镶白旗、正蓝旗、镶蓝旗八面大旗；保护区管理处的旁边还建有满族文化展览馆，里面详细讲述了满族的由来、发展历程、满足人的衣食住行等文化特点。

在喇叭沟门乡成立了孙栅子满族民俗村，在这里可以亲身体验到满族人民的风俗习惯。

在田营村附近有个龙庙沟，在沟的深处有一座供奉龙王的庙宇，相传建设年代较早，是体现民俗风情的历史证物之一，具有一定的观赏价值。

6.3 旅游资源开发现状及其对环境的影响

6.3.1 旅游资源的开发现状

喇叭沟门自然保护区的旅游主要以自然旅游资源和民俗旅游资源为主，已开发的自然旅游资源有位于孙栅子村附近的白桦林、蒙古栎林、百仗崖、五龙潭等景点。这些景点目前都有开发商经营开发，修建了一些旅游的必需设施，旅游已形成规模。此外，尚有没有正式开发，但是已有游客自行前往参观的，具有一定的潜在开发前景的景点5处,主要有位于上帽山村附近的天桥景点、古油松林景点；位于田营村附近的龙庙沟景点；位于北辛店的原始林景点和干尸景点。这5个景点没有开发商经营管理，游客可以自由参观，尚没有形成规模。

孙栅子村已成为喇叭沟门乡的一个主要的民俗旅游村，有半数以上的农户开始经营农家院民俗接待活动。

在旅游规模上，据2001~2006年统计，年平均来喇叭沟门的游客达3万余人次，主要集中在白桦林、百仗崖等已开发景点和孙栅子民俗村，来此旅游的主要目的是休闲度假，旅游的旺季主要集中在“五·一”、“十·一”等长假。

6.3.2 旅游开发对环境的影响

在自然保护区内进行旅游开发活动必然会给环境带来一定的影响。旅游开发对环境的影响主要体现在对森林植被的破坏；野生动植物栖息地的影响和大量游客带来的生活垃圾对环境的影响等几个方面。

喇叭沟门自然保护区内的旅游开发，主要集中在保护区的实验区内，在已开发的旅游景点内没有修建大型的基础设施，没有柏油路修建，只修建了一些人行便道，对森林植被破坏和对动物的阻隔作用不是很强。但是在已开发的景区内一些必要的设施也缺乏，如垃圾桶、休息凳等，致使一些游客随意践踏草地和乱扔垃圾的现象比较严重，给环境带来一些污染。开发旅游配备一些旅游必需的设施，能够对环境起到一定的保护作用。

在开发的旅游景点内游客数量较多，尤其是旅游的旺季，如百丈崖景点内由于对森林土壤过渡踩踏造成了较为严重的土壤板结，因此应该控制游客的数量，以减轻土壤板结程度。

此外，在没有开发旅游，但是有旅游开发价值的区域内，虽然游客不是很多，游客却可以随意采摘花草，随意践踏破坏，这种破坏现象相对较为严重。保护区应该加强这方面的管理，以避免或减轻这方面对环境的破坏。

第7章 社区及社区经济

7.1 社区社会经济概况

喇叭沟门自然保护区位于北京市的最北部，自然保护区管理处驻地，即喇叭沟门乡政府所在地，距北京市区135km，距怀柔区中心100km，有111国道纵贯喇叭沟门全乡。在喇叭沟门乡辖区内各村均有村级柏油路相通，交通便利；保护区范围内除有村级公路相连外，防火路、旅游线路等道路建设还有待进一步完善。

在通讯方面，乡政府和各村之间均已经开通程控电话。乡政府所在地，即喇叭沟门村，已经开通了宽带网络，与外界联系较为方便。

喇叭沟门全乡总面积30 197.6hm^2，其中农业耕地面积839hm^2，林业用地面积约2.0万hm^2，其中有林地面积为1.74万hm^2。据2007年统计，喇叭沟门乡共有2 487户6 583人。保护区内有1 154户3 015人，为满族和汉族杂居，满族人口占45%。社区居民主要以农业收入为主，近年来，随着旅游业的不断发展，保护区周边居民的生活水平在不断的提高。

7.2 产业结构

7.2.1 农业

喇叭沟门乡有农业用地839hm^2，主要位于宽阔沟谷两侧或林缘以下的缓坡地带。据2007年统计资料，农业生产总值4 250万元。长期以来，农业在喇叭沟门乡经济中占主导地位，成为居民生存的主导产业，但近些年农业的发展处于停滞不前的状态，农民农业收入没有明显提高，主要原因在于农业生产受如下几方面条件的制约。

①自然条件较差。主要表现为：土壤贫瘠，水土流失严重，风、雹、水、旱、霜冻等自然灾害频繁发生，加上种植结构单一，养分流失严重，土壤逐年退化，因而严重影响农业生产的发展。

②经营成本高、经济效益低。由于农田多为小斑块状分散于各个沟谷深处，且主要

为旱地，连接农田的道路又经常被暴雨冲毁，因而农业生产难以采用先进技术和实行集约化、机械化耕种；农田自然条件差，需投入较多的生产资料，如地膜、化肥、农药等，生产成本高；目前主要种植作物为制种玉米，制种玉米属于经济价值较高又比较适合当地种植的经济作物，亩[①]产最高可达500kg，在喇叭沟门全乡范围种植面积达90%以上。虽然制种玉米的产值较高，但投入成本也高，因而农民并没有获得显著的经济效益，其他作物的种植水平和收入均低于制种玉米，因此，依靠种植经济作物获取更好经济效益，潜力不大。

③喇叭沟门自然保护区位于白河中游，是重要的白河集水区，白河直接流入密云水库，作为北京市民的生活用水和饮用水。在林区发展农业，使用化肥、农药，必然对林区环境及饮用水源造成污染，影响到饮用水的质量和市民的身体健康，所以说，喇叭沟门乡的农业发展方向绝不能类似于以粮食生产为主要目的的其他地区，而是应当将保障京城居民饮水质量、保护生态环境作为首要考虑的因素。正因为上述三方面原因，在喇叭沟门乡发展农业潜力不大，后劲不足，前景暗淡，没有多大出路。

近年来，居住于林区深处沟谷地带的居民因生活、交通不方便，逐年向交通及其他基础设施较好的地方搬迁，原先所耕种的立地条件差、产量低的农田正逐步退耕还林，植被得到恢复。农业的发展，一方面要因地制宜，宜农则农，宜林则林；另一方面需改变目前单一的农作物种植模式，引进先进种植技术和其他高效益经济作物，实行种植多样化，提高经济产出；更重要的是要以北京市的全局利益出发，保护环境、保护水源，在此基础上进行高效益、无污染农业的开发。

7.2.2 林业

喇叭沟门乡现有林业用地面积约20 000hm^2，其中有林地面积为17 400hm^2。森林覆盖率63.14%。

林业产值主要来源于林果业和林副产品。

①果品收入：喇叭沟门乡有果树13万株，主要种类有红果、杏、苹果、梨、核桃和板栗，并以前4种的产量最大。年产干鲜果108万kg。

②林副产品收入：林副产品收入包括野果收入、药材收入、食用菌收入及违法捕猎野生动物经济所得。

喇叭沟门自然保护区森林面积广阔，为各种食用菌的生长提供了理想的天然环境，食用菌的种类多，产量大，营养丰富，无污染，深受消费者的喜爱，因而价值高，销路快，是自然保护区居民的一项主要经济来源，但目前对食用菌的采收处于盲目混乱状态，一些珍贵资源遭到破坏或未加开发利用。因此，应进一步采取人工栽培措施扩大食用菌产量。

7.2.3 工业

喇叭沟门乡的工业企业主要位于怀柔区雁栖工业开发区，据2007年统计，有工业企业共46家，其中乡办企业17家，主要从事内燃机配件、铸件、金属加工等方面，年

---

① 1亩=1/15hm^2，下同

产值2.3亿元。喇叭沟门乡域内的工业产业一方面缺乏发展基础，主要表现为既缺少技术、设备和原材料，又没有适宜的生产环境，位置偏远，难以造就龙头企业，带来规模效益；另一方面工业发展所产生的“三废”，势必对自然保护区环境及市民用水造成污染。所以说工业的发展既无潜力，也无出路。尽管乡工业产值远远高出其他产业产值，但主要来源于怀柔区雁栖工业开发区的乡办工业企业。其他地区仅有几家简单的木材加工和果品加工企业，且处于半停产状态，经营困难，效益低下。因此，工业产值难以代表整个林区工业发展的实际水平。在喇叭沟门乡经济评价中，此项经济指标与其他经济指标难以进行比较。

7.2.4　畜牧养殖业

据2007年统计资料，喇叭沟门乡畜牧养殖业总产值为4 692万元，畜牧养殖业在喇叭沟门乡经济组成中占据重要地位，但是，由于饲养结构不合理，造成对生态环境的破坏，主要表现为放牧牛群破坏植被，粪便污染旅游景点及水源，同时，缺乏畜牧养殖技术，饲养动物经济附加值低，效益差。畜牧养殖业的发展，一要转变养殖方式，由放牧转向圈养，合理利用牧草资源；二要采用先进养殖技术，引进高效益经济动物，促进养殖业的发展。

7.2.5　副业

副业收入主要来源于劳务输出、商品买卖、交通服务及基础建设劳务所得。据统计，2007年年产值1 218万元。随着自然保护区旅游业的发展，副业产值会有更进一步的提高。

7.2.6　旅游业

旅游业在喇叭沟门保护区已初具规模，一些饭店、旅馆及旅游景点正在投资建设之中。喇叭沟门保护区有着得天独厚的旅游、度假资源和距离首都较近的区位优势，相信保护区旅游业将会有更好的发展。

旅游业产值由调查统计后计算所得，据保护区管理处的旅游开发管理办公室统计，2002~2007年年均游客人数在3万人左右，游客主要来自北京市区，2007年旅游业总产值600万元。

7.3　人口与民族

按2007年统计资料，喇叭沟门乡有15个行政村，43个自然村，2 487户，6 583人。自然保护区内有1 154户3 015人，人口密度为18人/km^2，为满族和汉族杂居，满族人口占45%。

自然保护区范围涉及的行政村有9个，分别为北辛店村、孙栅子村、下河北村、四道穴村、胡营村、帽山村、苗营村、中榆树店村、东岔村。

喇叭沟门自然保护区管理处驻地，即喇叭沟门乡政府所在地，有中心小学一所，中学一所，实施寄宿制，各村逐步撤掉小学。据2005年抽样调查300农户，共计987人，其中教育适龄人数（20岁以下）共计213人，其中辍学人数37人，占17.3%，相对较高。

7.4 社区发展概况

自1999年北京市喇叭沟门自然保护区建立以来，社区经济得到了迅速发展。尤其是旅游业得到了迅速发展，来此旅游的年人数由1999年的几千人到2007年的3万人，人均年收入也随之迅速增加。

社区人口有集中的趋势，1999年市级保护区建立时，保护区内有自然村29个，现在保护区内的自然村数已减少到20个。人口数由原来的3 283人减少到3 015人。

社区现代化程度迅速提高。这主要体现在交通和通讯上，保护区周边的各村之间均有柏油路相通，交通十分便利。各村大队部之间均有程控电话连接，一些居民还自己配有手机、小灵通等便携通讯工具；在一些主要行政村内还有宽带网络连接。这些在保护区建立前或初期是不可想象的。

第8章 自然保护区评价

8.1 生物资源评价

8.1.1 生物多样性评价

喇叭沟门自然保护区有维管束植物619种47个变种和变型，隶属于102科367属，占北京市总科数的60%，总属数的57%，总种数的31%；其中野生植物101科357属643种。蕨类植物13科20属38种；裸子植物2科6属6种；双子叶植物76科276属500种，单子叶植物11科65属122种。

喇叭沟门自然保护区在植被区划中属于暖温带阔叶落叶林区域、冀辽山地油松、栎类林区。按照《中国植被》的分类系统，将喇叭沟门自然保护区植物群落划分为4个植被型组，8个植被型，22个群系。针叶林主要有油松林、侧柏林和华北落叶松林。阔叶林有蒙古栎林、山杨林、白桦林、核桃楸林、黑桦林；灌丛主要有荆条灌丛、三裂绣线菊灌丛、照山白灌丛、平榛灌丛、毛榛灌丛、六道木灌丛和胡枝子灌丛；灌草丛主要有荆条—野古草—隐子草灌草丛、三裂绣线菊—野青茅—披针苔草灌草丛；草甸主要有野青茅草甸、大齿山芹—梅花草—日本乱子草草甸、远东芨芨草—红柴胡—拳参草甸等。

在喇叭沟门自然保护区，有兽类动物30种，隶属于6目15科。大型动物主要有野猪、狍和斑羚，个别地区有豹出没。在远离村庄的森林深处，到处都能看到野猪活动的踪迹。斑羚和豹是国家重点保护动物；狐、貉、豹猫、花面狸、野猪是北京市重点保护动物，受到北京市保护的动物还有黄鼬、艾鼬、猪獾、狍、刺猬等。鸟类有106种，隶属于14目31科。其中勺鸡、苍鹰、普通 、红隼、灰鹤属于国家Ⅱ级重点保护动物；普通秋沙鸭、环颈雉、石鸡、岩鸽、戴胜、黄眉柳莺、灰伯劳、大山雀、凤头百灵、灰喜鹊、斑啄木鸟、四声杜鹃、大杜鹃为北京市重点保护动物。在林中经常能看到环颈雉等鸟类飞舞的身影。爬行类主要有白条锦蛇、虎斑游蛇、王锦蛇、乌梢蛇。两栖类的中国林蛙是北京市重点保护动物。

喇叭沟自然保护区昆虫区系属古北区的中国东北亚区。经鉴定和整理的主要昆虫有397种，隶属于13目99科，主要集中于鳞翅目、鞘翅目、双翅目、半翅目、膜翅目和直翅目。本区昆虫多为森林昆虫，农业昆虫较少。

8.1.2　物种珍稀性评价

8.1.2.1　重点保护植物

喇叭沟门自然保护区植物区系中被《国家重点保护区野生植物名录》中定为级保护植物的有3种，为黄檗、紫椴和野大豆；被《中国红皮书》收录的植物有4种，它们是核桃楸、黄檗、刺五加和野大豆；还有紫椴、穿山龙和兰科的大花杓兰、角盘兰、二叶兜被兰、羊耳蒜、二叶舌唇兰、绶草等北京市重点保护的植物31种。

8.1.2.2　自然保护区植物新发现

在对喇叭沟门自然保护区进行植物资源调查中，发现了北京维管束植物区系中的1个新记录属、2个新记录种、2个新记录变种及5个种、3个变种（变型）在北京植物分布的新地点，并对以往一个种的错误鉴定进行了勘误。现将各个种的形态特征、生境及分布状况描述如下［所采标本存于北京林业大学森林植物标本室（BJFC）］。

Ⅰ. 北京植物新记录

（1）粗齿蒙古栎（壳斗科栎属）

Quercus mongolica Fisch. var. *grosserrata* Rehd. et Wils. in Sarg Pt. Wils. 3：231. 1926；中国树木志2：2341，1985

落叶乔木，高6～10m，小枝有纵棱，光滑。叶互生，在小枝顶端常成簇生状，倒卵形，先端渐尖，基部较狭；侧脉7～11对；叶缘具6～10个粗齿，齿端尖锐内弯。壳斗杯状，小苞片具明显的瘤状突起。生于山地阴坡。

原变种蒙古栎 *Quercus mongolica* Fisch. 叶缘锯齿先端钝圆，与本变种易于区别。

刘忠志，9808720，孙栅子，海拔1 100m，1998－08－10。

分布于东北、华北、朝鲜，北京首次记录。

（2）兴安益母草（唇形科益母草属）

Leonurus tataricus Linn. Sp. Pl. 583. 1753；中国植物志65（2）：519. 1977；东北草本植物志7：1981. —*L. altaicus* Spr.

二年生或多年生草本，高0.5～1m。茎四棱，中空，被短伏毛及开展的白色长柔毛。叶片近圆形，长4～5cm，3～5深裂；裂片菱形，再次分裂为线形小裂片；叶两面被短伏毛，背面沿叶脉较密。叶柄长1.5～2.0cm。轮伞花序具多花，在茎顶排成间断的穗状花序；小苞片线形，具开展的长柔毛；花萼短，长3～4cm，外面被短伏毛，沿肋有长柔毛，萼齿长渐尖；花冠淡紫红色，长8mm，上唇直立，下唇较上唇短，水平开展；前对雄蕊较长；花柱伸出雄蕊之上。花期7月，果期8月。生山地林缘草地。

路端正，980730，孙栅子南猴顶，海拔1 400m，1998－07－21。

分布于内蒙古及黑龙江北部，俄罗斯（西伯利亚）。北京首次记录。

（3）齿叶紫沙参（桔梗科沙参属）

Adenophora paniculata var. *dentata* Y. Z. Zhao 内蒙古大学学报（自然科学）11（1）：

58. 1980；内蒙古植物志5. 404. 1980。

多年生草本，高约1. 2m，不分枝，具短柔毛。茎生叶互生，菱状卵形；叶缘有不规则锯齿；无叶柄。顶生圆锥花序，花序长约15cm；梗纤细；花萼分裂，丝状；花冠口部缢缩，蓝紫色或白色，5浅裂；雄蕊长于花冠；花柱伸出花冠。蒴果卵形或卵状矩圆形，棕黄色。花期7~9月。生于林缘草地。

本变种与原变种的区别在于：叶为菱状卵形或菱状披针形，叶缘具不规则锯齿。

谢磊等，9808635，孙栅子，海拔860m，1998-08-07。

分布于东北华北等地。北京首次记录。

(4) 假鼠妇草（禾本科甜茅属）

Glyleria leptolepis Ohwi. , inBot. Mag. Tokyo 45：381 1931；禾本科植物图说 249. 图 202. 1959；内蒙古植物志7：60 1983 - *Glyceria ussuriensis* Kom.

秆直立，单生，高约1m。具10（或以上）节，几乎全包于叶鞘内。叶鞘无毛，叶舌短，质厚，先端圆；叶长30cm，宽不足1cm，具横脉，表面粗糙，背面光滑。圆锥花序长达20cm，花序开展；小穗卵形，第一颖卵形，长1. 2~2cm，第二颖卵状短圆形，长2~2. 5cm，外稃先端膜质，内稃等于或稍长于外稃；雄蕊2枚。花果期7~9月。生于森林沼泽地带，溪边或湖边。

路端正，9807408，孙栅子，海拔800m，水边。

分布于东北、华北，北京首次记录。

Ⅱ. 北京植物分布新地点

(1) 野核桃（胡桃科胡桃属）

Juglans cathayensis Dode in Bwil. Soc. Dendn. France 11：47. 1909；中国树木志 2：2366. 1985. - *J. draeoris* Dode.

落叶乔木。幼枝绿灰色，被腺毛。树皮浅纵裂。奇数羽状复叶，长约40cm；小叶9~17枚，叶缘具细锯齿，叶基斜心形，无端渐尖；叶柄及叶两面被毛。雄花被腺毛，雄蕊多为13枚。雌花序直立，生于1年生枝顶，雌花5~10朵，排成穗状，上面密生腺毛。子房呈卵形，柱头二裂。果序常具6~10个果。果实顶端尖，卵圆形，内果皮具6~8纵棱，坚硬，高径比为1:1。花期4~5月，果期9~10月。生于沟谷。

成克武，9809131，孙栅子，海拔1 000m，1998-09-15。

产于西南、西北及中部各省。《北京植物志》记载本种北京有栽培，未见野生。在怀柔孙栅子发现其野生种，为该种的地理分布提供了新资料。

(2) 浅裂剪秋罗（石竹科剪秋罗属）

Lychnis cograta Maxim. Prim Fl. Amur. 55. 1859；北京植物志 1：203 1984.

多年生草本，高约70cm。根肥厚成纺锤状。茎直立，被毛。叶具短柄，长圆状披针形，长约6cm，叶缘具睫毛，叶两面具短毛。顶生聚伞花序；花直径约3~5cm，花梗长约5mm，被柔毛，萼筒棒状，具10脉；花瓣5，橙红或淡红色，倒心形，先端二浅裂，裂片宽约8mm，两侧各有一小裂片，丝状；雄蕊10；子房棒状，花柱5。蒴果长卵形，5齿裂。种子长1. 5~1. 8mm。卵圆形，花期7~9月。生沟谷草甸。

穆琳，9807093，孙栅子南沟，海拔900m，1998-07-20。

本种与同属大花剪秋罗相似，区别在于大花剪秋罗花瓣二叉状深裂，裂片宽4mm；

叶基圆形，无柄，萼筒密生毛。而浅裂剪秋罗花瓣浅裂，叶基楔形，具短柄，萼筒无毛或有疏毛。

本种原为《北京植物志》1984 年版中收录，在 1993 年再版增补中予以否定。在对喇叭沟门植物标本鉴定中发现了浅裂剪秋罗，从而肯定了该种在北京的存在。

(3) 连翘（木犀科连翘属）

Forsythia suspensa (Thunb.) vahl. Enum. Pl. 1：39. 1804；《中国高等植物图鉴》3：347. 图 4648. 1974；*Lingnsmun suspensum* Thunb.

落叶灌木，茎枝开展，小枝稍四棱，褐色，中空。叶对生，单叶或三出复叶；复叶中间小叶大，长卵形，叶缘有锐锯齿，叶基楔形。花黄色，钟状，长约 2.5cm，先叶开放，单生或数朵簇生。蒴果，狭卵圆形，稍扁，长 2cm；果梗长 1~1.5cm。花期 3~4 月，果期 5~6 月。生于山坡灌丛。

李俊清，9807346，孙栅子，海拔 800m，1998-07-25。

产于我国中北部，《北京植物志》中记载北京仅见栽培，在怀柔区孙栅子发现连翘有野生分布，为该种天然分布的新记录。

(4) 白花木本香薷（唇形科香薷属）

Elsholtzia stauntinii Benth. f. *albiflora* Jen et Y. J. Chang 北京林业大学学报 13 (3)：2，1991

亚灌木，高 1~1.5m 。茎钝四棱形，多分枝。叶披针形，长 8~12cm，宽 2~3cm，叶缘有粗锯齿。顶生穗状花序长约 10cm，由多数轮伞花序组成，花偏向一侧；花冠白色，长 7~9mm，上唇直立，下唇开展；前对雄蕊较长，向前伸出；花柱先端二深裂。花果期 7~9 月。生山坡灌丛。

谢磊等，9809054，孙栅子，海拔 900m，1998-09-15。

该变型始发表于 1991 年，分布于北京松山，与原变型的区别在于花冠为白色而非紫红色。孙栅子为该变型分布地点的新资料。

(5) 异叶轮草（茜草科猪殃殃属）

Galium maximowiczii (Kom.) Pobid in Novasti sist Yysch Rost. 7：277，1970. (Publ. 1971)；武汉植物学研究 11 (1)：28. 1993. *Asperula maximowiczii* Kom.

多年生直立草本，高 0.5~1m。茎四棱形，无毛。叶轮生，在枝上部常四枚轮生，下部可达 8 枚；叶披针形或长圆形，叶脉 3~5，明显，叶缘有短刚毛，叶柄长 1cm。圆锥状聚伞花序，顶生或腋生；花冠白色，4 裂；雄蕊 4 枚生于筒部，花柱枝不等形。果实球形。花期 7~8 月，果期 9~10 月。生于林下。

谢磊，9808070，孙栅子南沟，1998-08-20。

该种在《北京植物志》中未收录。以往文献报道百花山有分布，孙栅子为该种在北京分布的新资料。

(6) 白花华北蓝盆花（川续断科蓝盆花属）

Scabiosa tschiliensis Grunning f. *albiflorida* U. W. Liu et D. Z. Lu《北京农学院学报》9 (1)：1994-06

多年生草本，高 60cm 左右。茎自基部分枝，具白色卷伏毛。茎生叶对生，羽状裂，长 5cm，宽约 1cm，两面具白色柔毛。头状花序，具较长的柄。花萼 5 裂；花冠白色；雄蕊4，花药紫色；花柱长，柱头呈头状，子房下位。瘦果椭圆形。花期7~9月，果期9~10月，生山坡草地。

谢磊等，9808638，孙栅子，海拔800m，1998-08-19。

本变型与原变型区别在于花为白色而非蓝色，以往记载仅在百花山有分布，怀柔区孙栅子为该变型在北京分布地点的新资料。

（7）翼茎风毛菊（菊科风毛菊属）

Saussurea japonica（Thunb.）D C. var. *alata*（Regel.）Kom. Fl. Mansh. 729. 1907；内蒙古植物志 5：237. 1982；北京林业大学学报 19（supp. 2）：131. 1993

二年生草本，茎直立。叶基部沿茎下延成翼；基生叶长15~20cm，矩圆状椭圆形，羽状浅裂至深裂，有长柄；茎生叶条状披针形，向上渐小。头状花序多数，在茎顶排成伞房状，长8~13cm，宽5~8mm，疏被蛛丝状毛；总苞片6层，先端具红紫色的膜质附片；花冠紫色。花果期7~9月。生于山坡草地。

谢磊等，9807443，孙栅子，海拔1 000m，1998-07-25。

分布于内蒙古，河北、宁夏，该变种《北京植物志》未收录，以往文献报道北京西山有分布，怀柔孙栅子为该变种在北京分布的新资料。

（8）北萱草（百合科萱草属）

Henerocallis esculenta Koidz. in Bot. Mag. Tokyo 39：28. 1925；《中国植物志》14：62.；1980；北京植物志 2：1364. 1987

多年生草本。根肉质膨大；叶基生，线形；总状花序短缩，花梗稍短或等长于叶；苞片卵状披针形，仅包住花被管基部；花被橙色，花被管1~2.5cm，花被片长5cm左右。蒴果椭圆形，长2~2.5cm。花果期5~9月。生于山谷溪边。

成克武，9809054，孙栅子，海拔900m，1998-09-20。

《北京植物志》虽收录了本种，但称未采到过标本，在调查结果中，确认了本种在北京的分布。

8.2 经济价值评价

8.2.1 直接经济价值评价

直接的经济效益主要体现在生态旅游和多种经营项目的实施，该两项工程投资少，效益可观。保护区生态旅游的游客规模控制在年均10.0万人，按人均消费水平200元/人。利润率25%计，可实现年利润500万元。保护区内干鲜果产量每年高达100万kg，以每千克平均售价1元计算，每年可带来纯收入100万元。两项合计600.0万元。多种经营项目的实施，将带来大量的经济效益，有利于自然保护区的长期发展和资金的积累，增强保护区的自养能力，最终实现保护区的自养或半自养。同时带动当地周边地区经济的发展和产业结构的调整。

8.2.2 间接经济价值评价

基于资源有价的思想，自然保护区总体规划的实施所带来的间接经济效益也是不可估量的。粗略估计，涵养水源和减少土壤肥力损失这两项年经济效益可超2 300多万元。这种间接的经济效益虽不能直接以货币的形式体现出来，无可否认它确实是存在于现实之中的。森林蓄积量和野生动植物数量的增加，对整个区域环境的改善和维护产生难以估算的影响。

8.3 管理现状与评价

8.3.1 管理现状

8.3.1.1 基础设施

喇叭沟门自然保护区管理处位于喇叭沟门乡政府所在地，交通便利。管理处现有二层办公楼一座，包括处长办公室、主任办公室、办公室、旅游管理办公室共680m^2。另有微机室等共40m^2，小型报告厅50m^2，可容纳40人。

管理处与其周边社区通有程控电话，便于联络通讯；微机室和办公室都安装有宽带网络接口，宽带网络的使用提高了办公效率，且便于更加广泛地了解外部世界的情况；保护区管理处有桑塔纳2000 1辆，213吉普车1辆，越野车1辆，是管理处主要的交通工具。

在保护区不同功能区的部分边界设立了界牌和指示牌，在乡政府附近设有防火瞭望塔1座，保护区内规划有防火道路50km。

8.3.1.2 机构设置

喇叭沟门自然保护区于1999年12月13日经北京市批准，成立市级自然保护区，经过近10年来的发展，保护机构已初步形成。目前，保护区设有主任办公室、保护科、旅游管理科3个科室，在编人员16人，机构运转协调，这对保护区的管理建设起着非常重要的作用。

8.3.1.3 保护管理

（1）保护管理

保护区管理处全面负责对保护区内森林植被、动植物的保护和管理。管理处设有专门的保护管理科室和人员，并从周边社区中雇用一些村民协助保护，每天去巡山，同时与周边居民签署协管协议。

保护区管理处开展工作人员培训，提高工作人员的业务素质水平；举办保护区展览，制作宣传手册，对周边居民和游客进行保护的宣传教育，提高社区居民和游客的保护意识。

（2）防火管理

自建立市级自然保护区以来，自然保护区的防火管理得到了进一步的加强。成立了专门的防火中队，负责保护区及其周边林区的防火工作，此外，保护区还与周边居民签署防火协议，各村在防火期抽调一定的人员协同防火中队进行防火工作。近年来，保护区内没有发生过任何火灾。

（3）旅游管理

旅游业最近得到了迅速发展，尤其在孙栅子村、苗营村最为明显，已经形成了一项产业。保护区管理处有专门的旅游开发管理办公室，对旅游景区的管理，实行责任制原则。旅游开发办公室只负责对旅游开发商的管理，对他们的开发范围以及形式进行限制，负责保护区内旅游人数的统计，具体的开发细节由开发商自己负责。

8.3.2 科学研究现状

自然保护区既是生物多样性保护的有力手段，同时又是对自然资源进行合理开发利用研究的良好基地，开展科学研究是保护区的又一基本功能。同时，开展科学研究对保护区的建设与发展具有重要的参谋和决策作用。

喇叭沟门自然保护区内物种丰富，植被类型多样，是北京地区较大的自然保护区。有多家大专院校和科研机构在此开展科学研究工作。早在20世纪50~60年代，北京师范大学曾多次在此进行教学实习与标本采集，在《北京植物志》中记载有喇叭沟门自然保护区的植物多达42科88属107种。北京市科学技术委员会1998年立项研究“怀柔县喇叭沟门林区生物多样性保护与可持续利用”。以北京林业大学为技术依托，负责开展实施，本项目的完成对喇叭沟门自然保护区的生物多样性保护和社区周边的经济发展起到了极大的促进作用。

2004~2006年北京林业大学自然保护区学院多次在此开展综合科学考察和实习活动。

北京农学院在2000~2007年期间多次在该保护区内开展科学研究和学生的实习工作。

8.3.3 管理评价

自1999年成立市级保护区以来，保护区管理处对保护区的管理能力在不断增强，管理机构、措施在不断完善。目前，喇叭沟门自然保护区不仅拥有自己的管理办公楼、还成立了森林公安派出所、防火中队等辅助保护区管理工作的机构。这些机构在一些晋升为国家级的保护区内尚没有建立。

在保护区工作者、乡政府及其社区居民的共同管理和维护下，保护区内的植被、野生动植物资源都得到了很好的保护，森林覆盖率有所提高，保护区内的野生动植物的种群数量在不断增加。同时，保护区内的旅游事业已初具规模，尤以孙栅子最为明显，拉动了社区周边的经济发展，提高了居民的生活水平。

第 9 章 保护规划

9.1 保护对象

9.1.1 华北地区大面积的天然林

该区是华北地区森林生态系统保存比较完整的地区，是北京市现存面积较大的天然林区，具有燕山山地典型的森林植被类型。喇叭沟门乡有林地面积 1.79 万 hm^2，保护区内森林面积为 11 666.5hm^2。植被类型多样，植被可划分为 4 个植被型组，8 个植被型，22 个群系，主要森林类型有蒙古栎林、胡桃楸林、山杨林、白桦林和油松林等。(详见 2.2.2 节)

9.1.2 保护原生性森林

在海拔 1000m 以上的山地分布着约 980hm^2 的蒙古栎近熟林和成熟林，具有原生性森林的特征。这样大面积的蒙古栎成熟林在北京地区较为少见。蒙古栎已被提名为北京市一级重点保护植物。同时，在海拔 1000m 以上的沟谷内分布着成片的核桃楸林。建立保护区将有效地保护这片林相完整的原生性蒙古栎林和沟谷核桃楸林，对北京地区生物多样性保护具有重要意义。

9.1.3 保护燕山山地的遗传种质资源

喇叭沟门自然保护区现有野生维管束植物 619 种 47 变种、变型（不含农作物），分属于 102 科 367 属；在植物区系中黄檗、紫椴和野大豆被 1984 年国家农业部和原国家林业部颁布的《国家重点保护野生植物名录》中列为国家Ⅱ级重点保护植物；被《中国红皮书》列为近危种的植物 4 种，它们是黄檗、野大豆、核桃楸和刺五加；此外还有穿山龙、草芍药以及兰科的大花杓兰、角盘兰、二叶兜被兰、羊耳蒜、二叶舌唇兰等多种北京市重点保护植物。对喇叭沟自然保护区植物濒危程度分析结果显示：喇叭沟自然保护区极危种 14 个、濒危种 36 个、渐危种 49 个、敏感种 71 个。现存的第三纪孑遗植物软枣猕猴桃、北五味子、山葡萄、黄檗等数量已很少，濒临灭绝境地。建立保护区可以有效保护国家级和北京市级重点保护植物，尤其是喇叭沟门自然保护区处于濒危状态的种类，保护好燕山山地的遗传种质资源。

9.2　自然保护区功能区划分

9.2.1　区划原则

喇叭沟门自然保护区在区域界定和功能分区上必须遵循以下原则：

（1）保持喇叭沟门自然保护区森林生态系统的完整性，有利于生物多样性的保护

必须坚持以保护自然资源为主，遵循有利于保护森林生态系统及其功能，有利于保护生物多样性，有利于拯救濒危野生动植物，有利于科学研究等原则。

（2）发挥保护区的多种功能，以利于维护其长期稳定性

正确处理好保护与合理利用的关系，全面充分发挥自然保护区的多功能效益，把保护区建成森林生态系统及其功能的保护体系、基础科研和科学教育的科研体系以及多种经营和配套的工程体系。科学合理地开发自然资源，发展多种经营和旅游事业，不断增强保护区的自身经济活力，密切与当地社区的关系，提倡生产示范样板，逐步把喇叭沟门自然保护区建成以森林生态系统保护为主体的生物多样性保护、植物资源管理与利用可持续经营的管理实体。为当地经济的发展预留合理的空间。

（3）尽量保持行政村的完整性，有利于自然保护区的建设和管理

9.2.2　区划依据

一是重点保护对象的分布区域；

二是植被的垂直分布格局；

三是村落和行政村的分布与界限；

四是旅游景点的分布；

五是以森林小班作为最基本的区划单元。

9.2.3　功能区划分

在上述原则的指导下，应依照保护生物学原理和自然保护区在特定区域最佳规划方案，界定保护区主体范围和内部功能分区，亦即通常划分的核心区、缓冲区和实验区。

9.2.3.1　自然保护区边界确定

无论是自然生态系统或人工生态系统，都只有在保证生物群落结构的完整性和生态环境相对稳定的条件下才能发挥出其正常的生态功能和作用。依照通常划分方案，保护区的三区呈现环式布局，其外围界线即为实验区的界限。由于喇叭沟门植被类型沿海拔高度呈自然垂直分布，从沟底的人工植被逐渐过渡到天然植被，人类影响强度也依此序列渐次减弱或消失。因此，喇叭沟门自然保护区的三区结构不能划定为平面的环式布局，而应当成为垂直叠加布局，即从较低海拔的实验区、缓冲区至较高海拔的核心区。同时，保护区边界确定尚需兼顾管理上的可操作性和便利性，考虑当地居民的生活和经

济利益。

喇叭沟门管辖区地势自西北向东南倾斜，从西北和北部的山脊逐渐降为开阔谷地，其东北部山地则呈东北—西南走向，从山脊逐渐抵达谷地。特别应注意的是呈南北走向的111国道的主体路段纵贯喇叭沟门乡的河谷地段，将保护区北部区一分为二，沿公路两侧人口相对密集、殖垦强度大，是该乡的主要农业经济区。由此带来了保护区北部和南部的边界划界问题。为明确保护区的范围，保障该保护区的结构完整，将保护区的实验区和缓冲区分置于公路两侧，此外，公路涉及保护区的路段两边作为保护区的实验区，如此既可维护保护区的完整性，亦可利用公路及其带来的较强人为因素对自然资源的压力进行观测和研究，成为保护区建设措施之一。据此，保护区边界确定采取自然区划为主、人工区划为辅的综合区划法：

①西、西北、北和东北部边界：以山脊线为界，是植被垂直带的顶部，也是喇叭沟门乡的乡界线。

②西南和东南部边界：以喇叭沟门乡管辖区为界，沿山脊线下降部分，自然界线明显。

③南部边界：依次以苗营、中榆树店、西府营、东岔和北辛店5个村的北部边界或村内明显山脊、山沟的连线为界，其中苗营、下河北、四道穴是进入保护区的交通关口。

④111国道段边界：保护区内其由南向北依次贯穿四道穴、帽山两个村，北部标志点为汤河进入喇叭沟门乡的分界点（详见附图3：北京市喇叭沟门自然保护区功能区划图）。

9.2.3.2 功能分区

喇叭沟门自然保护区总面积为18 482.5hm²。按照喇叭沟门自然保护区的性质，根据总体区划原则，结合自然地域特点，将该自然保护区划分为核心区、缓冲区、实验区3个功能区，功能区各类土地面积统计结果见表9-1，保护区功能分区见附图3。

表9-1 喇叭沟门自然保护区各类土地面积统计

Table 9-1 Areas statistic of land on different vegetation

类别	核心区		缓冲区		实验区		总面积(hm²)
	面积(hm²)	占保护区的%	面积(hm²)	占保护区的%	面积(hm²)	占保护区的%	
森林	5491.5	0.30	2698.9	0.15	2478.4	0.13	10668.8
疏林(郁闭度<0.3)	200.6	0.01	275.6	0.01	408.5	0.02	884.7
灌木林地	783.2	0.04	1309.1	0.07	1785.2	0.10	3877.5
荒山	25.9	0.00	429.2	0.02	781.2	0.04	1236.3
经济林	0	0	60.9	0.00	52.1	0.00	113.0
其他	0	0	156.1	0.01	1546.1	0.08	1702.2
合计	**6501.2**	**0.35**	**4929.8**	**0.27**	**7051.5**	**0.38**	**18482.5**

（1）核心区

核心区面积为6501.2hm²，占保护区总面积的35%。核心区是保护对象的集中分布地段。核心区因 111 国道的隔离分为东西两部分，面积大小各为 2 537.3hm^2 和 3 963.9hm^2。除西南角小段区域与怀柔区碾子乡相邻，其余外围皆为河北境域，核心区内侧均被缓冲区包围，外侧是悬崖峭壁，形成了一个自然的隔绝地带和保护屏障。核心区内禁止任何生产活动，禁止采药，限制游人个人进入，如确因科研需要必须进入核心区时，必须事先向保护区管理处提交申请和活动计划，并经上级主管部门批准后方可进去。

（2）缓冲区

缓冲区面积为 4 929.8hm^2，占保护区总面积的 27%。缓冲区是核心区与实验区，或与非自然保护区的过渡地段。缓冲区作为核心区的缓冲地带，可从事多种科学研究的观测、调查等工作，但绝对禁止任何形式的森林采伐及其他人为干扰。

（3）实验区

实验区面积为 7 051.5hm^2，占保护区总面积的 38%。实验区是保护区内人为活动相对比较频繁的区域。区内可以在国家法律、法规允许的范围内开展科学试验、教学实习、参观考察、旅游、野生动植物繁殖驯养及其他资源的合理利用等。

9.3 生物多样性保护工程规划

（1）植物多样性保护工程

喇叭沟门自然保护区濒危植物的保护状况是保护区管护工作成效的指标，根据试行的自然保护区工程项目建设标准，在实验区内的孙栅子村建设 3hm^2 的珍稀濒危物种扩繁和引种驯化苗圃，用科学手段扩大野生物种种群，并通过引种驯化苗圃将野生的有重要的经济和观赏价值的植物种驯化，增强其适应生境的能力，为当地的多种经营提供更多的生物资源。

对于保护区内的极危种采取围栏保护措施，减少外界的干扰，尤其是在村镇、路口、人员干扰较大的区域内的极危物种应优先设置。

（2）动物多样性保护工程

历史上频繁的人类活动已使喇叭沟门自然保护区失去了很多原来广泛分布于北方森林草原带的大型动物，现存的几种大型物种数量也已十分稀少，且多处于濒危状态。因此，急需加强野生动物的保护管理。

建议在保护区内头道穴村的西北部与河北省的交界处，通往河北省的道路两侧，垂直道路设立铁网护栏 2km。

在保护区管理处建设 400m^2 野生动物救护中心，使保护区内的野生动物在受到人为或意外的伤害后能够得到及时的救助。

参考文献

陈灵芝，鲍显诚，陈清朗．1985. 北京山区的栎林．植物生态学与地植物学丛刊，9（2）：101－111.
陈灵芝，李才贵，王有荣，等．1965. 北京市怀柔县山区植被的基本特点及其有关林\副业的发展问题．植物生态学与地植物学丛刊，3（3）：75－96.
陈廷贵，张金屯，上官铁梁，等．2000. 山西关帝山神尾沟植物群落多样性研究．西北植物学报，20（4）：638－646.
成克武，崔国发，李新彬．2000. 北京喇叭沟门林区植物资源分类及评价．北京林业大学学报，22（4）：59－65.
成克武，王建中，路端正．1999. 喇叭沟门天然次生林区开发利用及保护．森林生态学论坛（I）．北京：中国农业科学技术出版社，253－256.
成克武．2002. 北京喇叭沟门林区植物多样性及其保护研究［学位论文］．北京：北京林业大学图书馆．
崔国发，成克武，路端正，等．2000. 北京喇叭沟门自然保护区植物濒危程度和保护级别研究．北京林业大学学报，22（4）：8－13.
崔国发，邢韶华，赵勃．2008. 北京山地植物和植被保护研究，北京：中国林业出版社．
戴宝合．1993. 野生植物资源学．北京：中国农业出版社．
邓红兵，王青春，代力民，等．2003. 长白山北坡河岸带群落植物区系分析．应用生态学报，14（9）：1405－1410.
傅立国主编．1991. 中国植物红皮书——稀有濒危植物（第一卷）．北京：科学出版社．
高贤明，陈灵芝．1998. 北京山区辽东栎群落物种多样性的研究．植物生态学报，22（1）：23－32.
国家环保局、中国科学院植物所．1987. 中国珍稀濒危保护植物名录（第一册）．北京：科学出版社．
国家环境保护局．1998. 中国生物多样性国情研究报告．北京：中国环境科学出版社．
郝占庆，赵士洞．1994. 长白山北坡阔叶红松林及其次生白桦林高等植物物种多样性比较．应用生态学报，5（1）：16－23.
何友均，崔国发，冯宗炜，等．2004. 三江源自然保护区森林—草甸交错带植物优先保护序列研究．应用生态学报，15（8）：1307－1312.
贺金生，等．1998. 长江三峡地区退化生态系统植物群落物种多样性特征. 生态学报，18（4）：399－407.
贺士元，等．1993. 北京植物志（第2版）（上、下册）．北京：北京出版社．
贺士元，等．1983. 河北植物志（第一、二、三卷）．石家庄：河北科学技术出版社．
贺新强，林金星，胡玉熹，等．1996. 中国松杉类植物濒危等级划分的比较．生物多样性，4（1）：45－51.
黄富祥，王跃思．2001. 试论生物多样性保护理论与实践面临的困难及现实出路. 生物多样性，9（4）：399－406.
黄建辉，等．1997. 地带性森林群落物种多样性的比较研究．生态学报，17（6）：611－618.
黄建辉．1994. 物种多样性的空间格局及其形成机制初探．生物多样性，2（2）：103－107.
霍亚贞，等．1989. 北京自然地理．北京：北京师范学院出版社．
蒋志刚，樊恩源．2003. 关于物种濒危等级标准之探讨——对 IUCN 物种濒危等级的思考．生物多样性，11（5）：383－392.
蒋志刚，等.1997. 保护生物学. 浙江科学技术出版社.12.
孔昭宸，杜乃秋，席以珍，等.1976. 北京1亿多年来植物群的发展和古气候的变迁. 植物分类学报，14（1）：79－88.
孔昭宸，杜乃秋，张子斌.1982. 北京地区10000年以来的植物群发展和气候变化. 植物学报，24（2）172－180.
孔昭宸，杜乃秋.1980. 北京地区距今30000～10000年的植物群发展和气候变迁. 植物学报，22（4）：330－338.
李景文主编.1994. 森林生态学.（第二版）. 北京：中国林业出版社.
李晓云.1990. 松山种子植物区系初步研究. 见：松山自然保护区考察文集. 哈尔滨：东北林业大学出版社.
林业部调查规划院.1981. 中国山地森林. 北京：中国林业出版社.
刘灿然，陈灵芝.1999. 北京地区植被景观中斑块大小的分布特征. 植物学报，41（2）：199－205.
刘灿然，等.1997. 北京东灵山地区植物群落多样性的研究样本大小对多样性测定的影响. 生态学报，17（6）：584－592.
刘鹏，吴国芳.1994. 大别山植物区系的特点和森林植被的研究. 华东师范大学学报（自然科学版），1：76－81.
刘全儒，张潮，康慕谊.2004. 小五台山种子植物区系研究. 植物研究，24（4）：499－506.
刘慎谔.1981. 东北草本植物志Ⅶ. 北京：科学出版社.
路端正.1994. 北京植物两新变型. 北京农学院学报，9（1）：117.
路端正.1993. 北京植物增补. 汉植物学研究，11（1）：24－30.
马克平.1994. 生物群落多样性的测度方法 α 多样性的测度方法（上）. 生物多样性，2（3）：162－168.
马克平，黄建辉，于顺利，等.1995～1997. 北京东灵山地区植物群落多样性的研究Ⅰ－Ⅷ. 生态学报，15－17.
马克平，刘灿然，于顺利，等.1997. 北京东灵山地区植物群落多样性的研究. 生态学报，17（6）：574－583.
马克平，刘玉明.1994. 生物群落多样性的测度方法 α 多样性的测度方法（下）. 生物多样性，2（4）：231－239.
马克平，米湘成，魏伟，等.2004. 生物多样性研究进展评述. 见：生态学研究回顾与展望. 北京：气象出版社.
马克平，钱迎倩，王晨.1994a. 生物多样性研究的现状与发展趋势. 生物多样性研究的原理与方法，北京：中国科学技术出版社，1－12.
马克平，钱迎倩.1998. 生物多样性保护及其研究进展. 应用与环境生物学报，4（1）：95－99.
马克平.1993. 试论生物多样性的概念. 生物多样性，1（1）：20－22.
马克平，等.1997. 北京东灵山地区植物群落多样性研究Ⅲ. 几种类型森林群落的种—多度关系研究. 生态学报，17（6）：573－583.
马克平，等.1997. 北京东灵山地区植物群落多样性研究Ⅷ. 群落组成随海拔梯度的变化. 生态学报，17（6）：593－600.
马克平，等.1995. 北京东灵山地区植物群落多样性研究丰富度、均匀度和物种多样性指数. 生态学报，15（3）：268－277.
马乃喜，张阳生.1987. 我国自然保护区基础理论研究中的几个问题. 西北大学学报，21－29.
马毓泉.1980，1982. 内蒙古植物志Ⅴ－Ⅶ. 呼和浩特：内蒙古人民出版社.

牛文元.1987. 现代应用地理.北京：科学出版社，314－321.
钱国禧.1960. 对秦岭南坡油松更新的观察.林业科学，(2)：114－123.
钱迎倩，甄仁德主编.1995. 生物多样性研究进展.北京：中国科学技术出版社.
乔曾硷等.1964. 北京植物区系的初步研究.北京师范大学学报，2：183－206.
尚玉昌，蔡晓明.1992. 普通生态学（上册）.北京：北京大学出版社.6.
生物多样性公约指南.1997. 中华人民共和国濒危物种科学委员会译.北京：科学出版社.
世界资源研究所.1992. 全球生物多样性策略.钱迎倩等译.北京：标准出版社，117.
孙儒泳，李博，诸葛阳，尚玉昌.1993. 普通生态学.北京：高等教育出版社，10.
孙儒泳.1999. 生物多样性保育.世界科技研究与发展，21（2）：19－23.
陶君容主编.2000. 中国晚白垩世至新生代植物区系发展演变.北京：科学出版社.
涂英芳.1993. 长白山野生观赏植物.北京：中国林业出版社.
汪殿蓓，暨淑仪，陈飞鹏.2001. 植物群落物种多样性研究综述.生态学杂志，20（4）：55－60.
汪年鹤，袁昌齐，吕晔，等.1992. 药用植物稀有濒危程度评价标准讨论.中国中药杂志，17（2）：67－69.
王伯荪，彭少麟.1983. 鼎湖山森林群落分析（Ⅱ）——物种联结性.中山大学学报（自然科学版），(4)：27－35.
王伯荪，余世孝，彭少麟，李鸣光，1996. 植物群落学实验手册.广州：广东高等教育出版社.
王荷生，张镱锂，黄劲松，等.1995. 华北地区种子植物区系研究.云南植物研究，(增刊Ⅶ)：32～54.
王荷生.1999. 华北植物区系的演变和来源.地理学报，54（3）：213－223.
王荷生.1996. 华北植物区系地理.北京：科学出版社.
王荷生.1992. 植物区系地理.北京：科学出版社.
王礼嫱，金鉴明.1991. 论自然保护区的建立和保护.北京：中国环境科学出版社.
王清春.2003. 云蒙山林区植物多样性及其保护研究［学位论文］.北京：北京林业大学图书馆.
王九龄，李荫秀编著.1992. 北京森林史辑要.北京：北京科学技术出版社.
王献溥，崔国发.2003. 自然保护区建设与管理.北京：化学工业出版社.
王献溥，郭柯.2002. 关于IUCN红色名录类型和标准新的修改.植物资源与环境学报，11（3）：53－56.
王宗训.1989. 中国资源植物利用手册.北京：中国科学技术出版社.
魏文超.2004. 北京市自然保护区网络体系建设研究［学位论文］.北京：北京林业大学图书馆.
吴征镒，路安民，汤彦承，等.2003. 中国被子植物科属综论.北京：科学出版社.
吴征镒.1991. 中国种子植物属的分布区类型.云南植物研究，(增刊Ⅳ)：1－139.
肖培根主编.2002. 新编中药志.第一、二、三卷.北京：化学工业出版社.
谢晋阳，陈灵芝.1997. 中国暖温带若干灌丛群落多样性问题的研究.植物生态学报，21（3）：197－207.
解焱，汪松.1995. 国际濒危物种等级评价标准.生物多样性，3（4）：234－239.
熊文德.1993. 中国木本药用植物，上海：上海科技出版社.
徐德应等.1997. 气候变化对中国森林影响研究.北京：中国科学技术出版社.9.
徐化成，郑均宝.1994. 封山育林研究.北京：中国林业出版社.
徐化成主编.1990. 林木种子区划.北京：中国林业出版社.
许再富，陶国达.1987. 地区性的植物受威胁及优先保护综合评价方法探讨.云南植物研究，9（2）：193－202.
薛达元，蒋明康，李正方，等.1991. 苏浙皖地区珍稀濒危植物分级指标的研究.中国环境科学，11

(3)：161－166.
薛达元，蒋明康．1995. 中国自然保护区对生物多样性保护的贡献．自然资源学报，10（3）：286－292.
严旬．1992. 中国濒危动物的现状与保护．野生动物，65（1）：1.
阎海平．1997. 北京小西山植物区系的初步分析．北京林业大学学报，19（增刊2）：134－137.
杨持．1983. 羊草草原群落水平格局的研究－邻接格子样方的应用．内蒙古大学学报，(2)：245－254.
杨持．2003. 生态学实验与实习．北京：高等教育出版社．
姚振生，葛菲，刘庆华．1997. 江西珍稀濒危药用植物分级标准的研究．武汉植物学研究，15（2）：137－142.
于丹，种云霄，涂芒辉，等．1998. 中国水生高等植物受危种的研究．生物多样性，6（1）：13－21.
于顺利，陈灵芝，马克平．2000. 东北地区蒙古栎群落生活型谱比较．林业科学，36（3）：118－121.
袁德成．1997. 物种编目、濒危等级和保护优先序．见：蒋志刚，马克平，韩兴国（主编）．保护生物学．杭州：浙江科学技术出版社，103－119.
曾宪峰．1998. 蒙古栎林的区系成分．云南植物研究，20（2）：265－269.
张桂萍．2001. 植物多样性现状及其保护．太原师范专科学校学报，(3)：33－34.
张维平．1998. 生物多样性面临的威胁及其原因．环境科学进展，7（5）：123－131.
张泽钧，段彪，胡锦矗．2001. 生物多样性浅谈．四川动物，20（2）：110－112.
张知彬．1993. SOS！濒临极限的生物多样性．生物多样性，1（1）：30－34.
赵海军，纪力强．2003. 大尺度生物多样性评价．生物多样性，11（1）：78－85.
赵士洞．1993. 推进全球生物多样性研究的重大步骤——生物多样性的编目和监测国际研讨会简介．应用生态学报，4（10）：109－110.
赵士洞．1997. 生物多样性科学的内涵及基本知识——介绍“DIVERSITAS”的实施计划．生物多样性，5（1）：1－4.
赵淑清，方精云，雷光春．2000. 全球200：确定大尺度生物多样性优先保护的一种方法，生物多样性，8（4）：435－440.
郑师章，吴千红，王海波，陶云．1994. 普通生态学——原理方法和应用．上海：复旦大学出版社，11.
郑万钧．1985. 中国树木志（Ⅱ）．北京：中国林业出版社．
中国农业科学院．2004. 中国蜜粉源植物及其利用．北京：中国农业出版社．
中国植被编委会，中国植被，有关卷册．1980. 北京：科学出版社．
中华人民共和国濒危物种科学委员会译．1997. 生物多样性公约指南．北京：科学出版社．
周以良．1997. 中国东北植被地理．北京：科学出版社，11.
周以良．1994. 中国小兴安岭植被．北京：科学出版社，10.
Ehrlich P R. 1988. The loss of diversity causes and consequences. In：Wilson E. O. and Peter F. M. (eds.), Biodiversity. National Academy Press, Washington D. C., 21－27.
Groombridge B. (ed.) 1992. Global Biodiversity：Status of the earth's living resource WCMC, Cambridge.
Lubchenco J, et al. 1991. The sustainable Biosphere Initiative An Ecological Research Agenda Ecology 72 (2) 371－412.
Nilsson G. 1983. The Endangered Species Handbook. Animal Welfare Institute, Washington, D. C.
Sould M E, Simberliff D. 1986, What do genetics and ecology tell us about the design of nature reserve. Biological Conservation, 35：19－40.

Vitousek P M, Sanford R L. 1986. Nutrient cycling in moist tropical forest. Annual Review Ecology and Systtematics, 17 : 137 - 167.

Wilson E O, et al. 1988. The Current state of biological diversity. In Wilson F O (ed) Biodiversity Washington D C. National Academy of Sciences Press.

附录1 北京喇叭沟门自然保护区野生植物名录

科名	种名	拉丁名	濒危程度	保护级别	经济用途
1 卷柏科 Selaginellaceae	1. 蔓出卷柏	*Selaginella davidii* Franch.	安全种		药用
	2. 圆枝卷柏	*Selaginella sangniolenta*（L.）Spr.	安全种		
	3. 中华卷柏	*Selaginella sinensis*（Desv）Spr.	安全种		
2 木贼科 Equisetaceae	4. 木贼	*Equisetum hiemale* L.	安全种		药用
	5. 犬问荆	*Equisetum palustre* L.	安全种		
	6. 节节草	*Equisetum ramosissimun* Desf	安全种		药用
	7. 草问荆	*Equisetum pratense* Ehrh.	敏感种	Z3	
	8. 问荆	*Equisetum arvense* L.	安全种		野菜、药用
3 阴地蕨科 Botychiaceae	9. 小阴地蕨	*Botrychium lunaria*（L.）Sw.	消失种		
4 蕨科 Pteridaceae	10. 蕨	*Pteridium aquilium* var. *latiusculum*（Desv.）Underw. ex Heller	渐危种	Z2	药用、野菜
5 中国蕨科 Sinopteridaceae	11. 薄叶粉背蕨	*Aleuritopteris kuhnii* var. *brandtii*（Fe. et Sav.）Tagawa	安全种		
	12. 华北粉背蕨	*Aleuritopteris kuhnii*（Milde）Ching	安全种		观赏
	13. 银粉背蕨	*Aleuritopteris argentea*（Gmel.）Feé	安全种		药用、观赏
6 裸子蕨科 Hemionitidaceae	14. 耳叶金毛裸蕨	*Gymnopteris bipinnata* Christ var. *auriculata*（Franch.）Ching	渐危种	Z3	药用、观赏
7 蹄盖蕨科 Athyriaceae	15. 黑鳞短肠蕨	*Allantodia crenata*（Sommerf.）Ching	安全种		
	16. 麦秆蹄盖蕨	*Athyriun fallaciosum* Milde	安全种		野菜、观赏
	17. 河北蹄盖蕨	*Athyriun hebeiense* Ching	安全种		
	18. 猴腿蹄盖蕨	*Athyriun multidentatum*（Doll）Ching	渐危种	Z2	野菜、观赏
	19. 中华蹄盖蕨	*Athyriun sinensis* Rupr.	安全种		野菜、观赏
	20. 禾秆蹄盖蕨	*Athyriun yokoscense*（Franch. et Sev.）Christ	安全种		
	21. 冷蕨	*Cystopteris fragilis*（L.）Bernh.	安全种		
	22. 羽节蕨	*Gymnocarpium disjunctum*（Rupr.）Ching	安全种		
	23. 蛾眉蕨	*Lunathyrium acrostichoides*（Sw.）Ching	濒危种	Z2	药用、观赏
8 金星蕨科 Thelypteridaceae	24. 沼泽蕨	*Thelypteris palustris*（Salisb.）Schott	濒危种	Z2	
9 铁角蕨科 Aspleniaceae	25. 北京铁角蕨	*Asplenium pekinense* Hance	安全种		
	26. 钝齿铁角蕨	*Asplenium subvarians* Ching	极危种	Z1	
	27. 过山蕨	*Camptosorus sibiricus* Rupr.	渐危种	Z2	药用、观赏

（续）

科名	种名	拉丁名	濒危程度	保护级别	经济用途
10 球子蕨科 Onocleaceae	28. 荚果蕨	*Matteuccia struthiopteris*（L.）Todaro	渐危种	Z2	药用、野菜
	29. 球子蕨	*Onoclea interrupta*（Maxim.）Ching et Chiu.	渐危种	B2、Z3	观赏、药用
11 岩蕨科 Woodsiaceae	30. 中岩蕨	*Woodsia intermedia* Tagawa.	安全种		观赏
	31. 耳羽岩蕨	*Woodsia polystichoides* Eaton	安全种		观赏
12 鳞毛蕨科 Dryopteridaceae	32. 绵马鳞毛蕨	*Dryopteris crassirhizoma* Nakai	安全种	Z3	药用
	33. 香鳞毛蕨	*Dryopteris fragrans*（L.）Schott	渐危种	Z3	观赏
	34. 华北鳞毛蕨	*Dryopteris laeta*（Kom.）C. Chr.	安全种		
	35. 布朗耳蕨	*Polystichum braunii*（Spenn.）Feè	消失种		观赏
	36. 鞭叶耳蕨	*Polystichum craspedosorum*（Maxim.）Diels	渐危种	Z3	观赏
13 水龙骨科 Polypodiaceae	37. 北京石韦	*Pyrrosia davidii*（Gies.）Ching	安全种		观赏、药用
	38. 有柄石韦	*Pyrrosia petiolosa*（Christ）Ching	安全种		药用
14 松科 Pinaceae	39. 华北落叶松*	*Larix principis – rupprechtii* Meyr.	未评估种	B2	材用、鞣料
	40. 红皮云杉*	*Picea koraiensis* Nakai	未评估种		
	41. 油松	*Pinus tabulaeformis* Carr.	安全种		材用、药用、观赏
15 柏科 Cupressaceae	42. 杜松*	*Juniperus rigida* Sieb. et Zucc.	未评估种	B2	药用、材用
	43. 侧柏*	*Platycladus orientalis*（L.）Franco	安全种		材用、药用
	44. 圆柏*	*Sabina chinensis*（L.）Ant.	未评估种		观赏、药用、材用
16 金粟兰科	45. 银线草	*Chloranthus japonicus* Sieb.	消失种		药用
17 杨柳科 Salicaceae	46. 北京杨*	*Populus beijingensis* W. Y. Hsu	未评估种		水保、材用
	47. 青杨	*Populus cathayana* Rehd.	安全种		材用
	48. 山杨	*Populus davidiana* Dode	安全种		材用、纤维
	49. 辽杨	*Populus maximowiczii* A. Henry	濒危种	Z1	材用
	50. 箭杆杨*	*Populus nigra* L. var. *therestina*（Dode）Bean.	评估种		材用
	51. 小叶杨	*Populus simonii* Carr.	敏感种	Z3	材用
	52. 沙柳	*Salix cheilophila* Schneid.	渐危种	Z2	水保
	53. 棉花柳	*Salix linearistipularis*（Fr.）Hao	敏感种		
	54. 旱柳*	*Salix matsudana* Koidz.	未评估种		材用、纤维、观赏
	55. 绦柳*	*Salix matsudana* var. *pendula* Schne.	未评估种		材用、观赏
	56. 龙爪柳*	*Salix matsudana* var. *tortuosa*（Vilm.）Rehd.	未评估种		观赏
18 胡桃科 Juglandaceae	57. 野核桃	*Juglans cathayensis* Dode	敏感种	Z1	油脂、材用、鞣料
	58. 核桃楸	*Juglans mandshurica* Maxim.	敏感种	B2、Z2	材用、药用、野果
	59. 胡桃*	*Juglans regia* L.	未评估种		材用、油脂
19 桦木科 Betulaceae	60. 坚桦	*Betula chinensis* Maxim.	渐危种	Z2	材用
	61. 硕桦	*Betula costata* Trautv.	渐危种	Z2	材用
	62. 黑桦	*Betula dahurica* Pall.	安全种		材用
	63. 白桦	*Betula platyphylla* Suk.	安全种		材用、鞣料、观赏

（续）

科名	种名	拉丁名	濒危程度	保护级别	经济用途
19 桦木科 Betulaceae	64. 鹅耳枥	*Carpinus turczaninowii* Hance	消失种		材用
	65. 榛	*Corylus heterophylla* Fisch. ex Bess.	安全种		野果、油脂、淀粉
	66. 毛榛	*Corylus mandshurica* Maxim.	安全种		野果、油脂、淀粉
	67. 虎榛子	*Ostryopsis davidiana* Decne.	渐危种	Z1	
20 壳斗科 Fagaceae	68. 板栗*	*Castanea mollissima* Bl.	未评估种		果树、鞣料
	69. 槲栎	*Quercus aliena* Bl.	安全种		材用、鞣料、淀粉
	70. 槲树	*Quercus dentata* Thunb.	安全种		材用、鞣料、淀粉
	71. 蒙古栎	*Quercus mongolica* Fisch. ex Turcz.	安全种		材用、水保、淀粉
	72. 粗齿蒙古栎	*Quercus mongolica* var. *grosserrata* (Bl.) Rehd. et Wils.	濒危种	Z1	材用、水保、淀粉
21 榆科 Ulmaceae	73. 小叶朴	*Celtis bungeana* Bl.	安全种		材用、观赏
	74. 黄果朴	*Celtis labilis* Schneid.	安全种		材用、观赏
	75. 春榆	*Ulmus japonica* (Rehd.) Sarg.	安全种		材用、纤维
	76. 裂叶榆	*Ulmus laciniata* (Trautv.) Mayr	濒危种	Z1	材用、纤维
	77. 榆*	*Ulmus pumila* L.	未评估种		材用、纤维、药用
22 桑科 Moraceae	78. 大麻	*Cannabis sativa* L.	安全种		纤维、油料
	79. 华忽布	*Humulus lupulus* var. *cordifolius* (Miq.) Maxim.	极危种	B2、Z1	药用
	80. 葎草	*Humnlus scandens* (Lour.) Merr.	安全种		纤维、药用、野菜
	81. 鸡桑	*Morus australis* Poir.	安全种		纤维、野果
	82. 蒙桑	*Morus mongolica* (Bur.) Schneid.	安全种		野果、药用、纤维
23 荨麻科 Urticaceae	83. 蝎子草	*Girardinia cuspidata* Wedd.	安全种		纤维
	84. 墙草	*Parietaria micrantha* Ledeb.	安全种		药用
	85. 透茎冷水花	*Pilea mongolica* Wedd.	安全种		药用
	86. 狭叶荨麻	*Urtica angustifolica* Fiach. ex Hornem.	安全种		药用、纤维、
	87. 宽叶荨麻	*Urtica laetervirens* Maxim.	安全种		药用、纤维
24 檀香科 Santalaceae	88. 反折百蕊草	*Thesium refractum* C. A. Mey.	渐危种	Z3	药用
25 蓼科 Polygonaceae	89. 荞麦*	*Fagopyrum esculentum* Moench.	未评估种		食用、药用
	90. 萹蓄	*Polygonum aviculare* L.	安全种		野菜、药用
	91. 拳参	*Polygonum bistorta* L.	敏感种	Z3	药用
	92. 齿翅蓼	*Polygonum dentato-alatum* Fr. Schm. ex Maxim.	安全种		观赏
	93. 叉分蓼	*Polygonum divaricatum* L.	安全种		油脂、鞣料
	94. 酸模叶蓼	*Polygonum lapathifolium* L.	安全种		药用
	95. 长鬃蓼	*Polygonum longisetum* De Bruyn	安全种		
	96. 头状蓼	*Polygonum nepalense* Meisn	安全种		
	97. 红蓼*	*Polygonum orientale* L.	未评估种		药用

（续）

科名	种名	拉丁名	濒危程度	保护级别	经济用途
25 蓼科 Polygonaceae	98. 刺蓼	*Polygonum senticosum*（Meisn.）Franch. et Sav.	安全种		
	99. 小箭叶蓼	*Polygonum sieboldii* Meisn.	安全种		
	100. 毛脉酸模	*Rumex gmelini* Turcz.	安全种		鞣料
	101. 巴天酸模	*Rumex patientia* L.	敏感种	Z3	药用、鞣料
26 藜科 Chenopodiaceae	102. 轴藜	*Axyris amaranthoides* L.	安全种		
	103. 尖头叶藜	*Chenopodium acuminatum* Willd.	安全种		野菜、饲用
	104. 藜	*Chenopodium album* L.	安全种		野菜、饲用、药用
	105. 灰绿藜	*Chenopodium glaucum* L.	安全种		野菜、饲用
	106. 大叶藜	*Chenopodium hybridum* L.	安全种		野菜、饲用
	107. 东亚市藜	*Chenopodium urbicum* L. subsp. *sinicum* Kung et G. L. Chu	安全种		野菜、饲用
	108. 地肤	*Kochia scoparia*（L.）Schrad.	安全种		野菜、药用
	109. 扫帚苗*	*Kochia scoparia* f. *trichophylla*（Hort）Schinz et Thell.	未评估种		
27 苋科 Amaranthaceae	110. 反枝苋	*Amaranthus retroflexus* L.	安全种		药用、油脂
	111. 鸡冠花*	*Celosia cristata* L.	未评估种		观赏、药用
28 紫茉莉科 Nyctaginaceae	112. 紫茉莉*	*Mirabilis jalapa* L.	未评估种		观赏
29 马齿苋科 Portucaceae	113. 马齿苋	*Portulaca oleracea* L.	安全种		药用、野菜、饲用
30 石竹科 Caryophyllaceae	114. 灯心草蚤缀	*Arenaria juncea* Bieb.	消失种		
	115. 石竹	*Dianthus chinensis* L.	安全种		药用、观赏
	116. 瞿麦	*Dianthus superbus* L.	渐危种	Z2	药用、观赏
	117. 浅裂剪秋罗	*Lychnis cognata* Maxim.	极危种	Z1	观赏
	118. 大花剪秋罗	*Lychnis fulgens* Fisch.	渐危种	Z2	观赏、药用
	119. 鹅肠菜	*Malachium aquaticum*（L.）Fries	安全种		药用
	120. 蔓假繁缕	*Pseudostellaria davidii*（Fr.）Pax	安全种		
	121. 女娄菜	*Silene aprica* Turcz. ex Fisch. et Mey.	安全种		
	122. 粗壮女娄菜	*Silene firma* Sieb. et Zucc.	安全种		
	123. 疏毛女娄菜	*Silene firma* var. *pubescens* f. *pubescens* Makino	安全种		
	124. 蔓茎蝇子草	*Silene repens* Patr.	敏感种	Z2	
	125. 石生蝇子草	*Silene tatarinowii* Regel	安全种		药用
	126. 叉歧繁缕	*Stellaria dichotoma* L.	安全种		
	127. 沼繁缕	*Stellaria palustris* Ehrh. ex Retz.	敏感种	Z2	
31 毛茛科 Ranunculaceae	128. 两色乌头	*Aconitum alboviolaceum* Kom.	敏感种	Z3	药用、观赏
	129. 牛扁	*Aconitum barbatum* var. *puberlum* Ledeb.	安全种		
	130. 草乌	*Aconitum kusnezoffii* Reichb.	安全种		药用、观赏
	131. 高乌头	*Aconitum sinomontanum* Nakai	敏感种	Z3	观赏

（续）

科名	种名	拉丁名	濒危程度	保护级别	经济用途
31 毛茛科 Ranunculaceae	132. 类叶升麻	*Actaea asiatica* Hara	渐危种	Z2	药用
	133. 小花草玉梅	*Anemone rivularis* var. *flore－minore* Maxim.	安全种		药用、观赏
	134. 华北耧斗菜	*Aquilegia yabeana* Kitag.	安全种		观赏
	135. 耧斗菜	*Aquilegia viridiflora* Pall.	安全种		观赏
	136. 紫花耧斗菜	*Aquilegia viridiflora* f. *atropurpurea* (Willd.) Kitag.	安全种		观赏
	137. 升麻	*Cimicifuga dahurica* (Turcz.) Maxim.	濒危种	Z1	野菜、药用、观赏
	138. 短尾铁线莲	*Clematis brevicaudata* DC.	安全种		药用
	139. 大叶铁线莲	*Clematis heracleifolia* DC.	安全种		药用
	140. 棉团铁线莲	*Clematis hexapetala* Pall.	安全种		药用
	141. 大瓣铁线莲	*Clematis macropetala* Ledeb.	敏感种	Z3	观赏
	142. 半钟铁线莲	*Clematis ochotensis* (Pall.) Poir.	敏感种	Z3	
	143. 翠雀	*Delphinium grandiflorum* L.	濒危种	Z2	药用、观赏
	144. 草芍药	*Paeonia obovata* Maxim.	濒危种	B2、Z1	药用、观赏
	145. 白头翁	*Pulsatilla chinensis* (Bge.) Regel	安全种		药用、观赏
	146. 茴茴蒜	*Ranunculus chinensis* Bge.	安全种		
	147. 毛茛	*Ranunculus japonicus* Thunb.	安全种		药用
	148. 贝加尔唐松草	*Thalictrum baicalense* Turcz.	安全种		药用
	149. 东亚唐松草	*Thalictrum minus* L. var. *hypoleucum* (Sieb. et Zucc.) Miq.	安全种		药用
	150. 长柄唐松草	*Thalictrum przewalskii* Maxim.	安全种		
	151. 金莲花	*Trollius chinensis* Bge.	消失种		药用、观赏
32 小檗科 Berberidaceae	152. 大叶小檗	*Berberis amurensis* Rupr.	敏感种	Z2	药用、野果
	153. 细叶小檗	*Berberis poiretii* Schneid.	敏感种	Z3	药用、野果
33 防己科 Menispermaceae	154. 蝙蝠葛	*Menispermum dauricum* DC.	安全种		药用、纤维
34 木兰科 Magnoliaceae	155. 五味子	*Schisandra chinensis* (Turcz.) Baill.	濒危种	B2、Z1	药用、野果
35 罂粟科 Papareraceae	156. 白屈菜	*Chelidonium majus* L.	安全种		药用
	157. 小黄紫堇	*Corydalis ochotensis* Turcz. var. *raddeana* (Regel) Nakai	安全种		
	158. 河北黄堇	*Corydalis pallida* var. *Chanetii* (Lévl.) S. Y. He	敏感种	Z3	
36 十字花科 Cruciferae	159. 毛南芥	*Arabis hirsute* (L.) Scop.	安全种		
	160. 垂果南芥	*Arabis pendula* L.	安全种		药用
	161. 星毛芥	*Berteroella maximowiczii* (Palib.) O. E. Schulz	敏感种	Z3	药用、野菜
	162. 荠菜	*Capsella bursa－pastoris* (L.) Medic.	安全种		药用、野菜
	163. 白花碎米荠	*Cardamine leucantha* (Tausch.) O. E. Schulz	安全种		药用
	164. 裸茎碎米荠	*Cardamine scaposa* Franch.	敏感种	Z3	

（续）

科名	种名	拉丁名	濒危程度	保护级别	经济用途
36 十字花科 Cruciferae	165. 花旗竿	*Dontostemon dentatus* (Bge.) Ledeb.	安全种		
	166. 小花花旗竿	*Dontostemon micranthus* C. A. Mey.	安全种		
	167. 糖芥	*Erysimum bungei* (Kitag.) Kitag.	安全种		观赏
	168. 独行菜	*Lepidium apetalum* Willd.	安全种		药用、野菜
	169. 球果焊菜	*Rorippa globosa* (Turcz.) Thell.	安全种		
	170. 沼生焊菜	*Rorippa islandica* (Oeder) Borbas	安全种		药用
	171. 黄花大蒜芥	*Sisymbrium luteum* (Maxim.) O. E. Schulz	消失种		
	172. 遏蓝菜	*Thlaspi arvense* L.	消失种		
37 景天科 Crassulaceae	173. 瓦松	*Orostachys fimbriatus* (Turcz.) Berger	安全种		药用
	174. 钝叶瓦松	*Orostachys malacophyllus* (Pall.) Fisch.	安全种		
	175. 景天三七	*Sedum aizoon* L.	安全种		药用
	176. 白景天	*Sedum pallescens* Freyn.	安全种	Z3	
	177. 繁缕景天	*Sedum stellariifolium* Franch.	安全种	Z3	
	178. 华北景天	*Sedum tatarinowii* Maxim.	安全种		
	179. 轮叶景天	*Sedum verticillatum* L.	敏感种	Z3	
38 虎耳草科 Saxifragaceae	180. 落新妇	*Astilbe chinensis* (Maxim.) Franch. et Sav.	渐危种	Z2	药用、鞣料
	181. 互叶金腰	*Chrysosplenium alternifolium* L. var. *sibiricum* Seringe ex DC.	渐危种	Z3	
	182. 钩齿溲疏	*Deutzia hamata* var. *baroniana* (Diels) Zaikonn	渐危种	Z3	
	183. 大花溲疏	*Deutzia grandiflora* Bge.	安全种		观赏
	184. 小花溲疏	*Deutzia parviflora* Bge.	安全种		观赏
	185. 东陵八仙花	*Hydrangea bretschneideri* Dipp.	安全种		观赏
	186. 梅花草	*Parnassia palustris* L.	安全种	Z3	观赏
	187. 太平花	*Philadelphus pekinensis* Rupr.	安全种		
	188. 刺果茶藨子	*Ribes burejense* Fr. Schmidt.	安全种		观赏
	189. 东北茶藨子	*Ribes mandshuricum* (Maxim.) Kom.	濒危种	Z2	野果
	190. 球茎虎耳草	*Saxifraga sibirica* L.	渐危种	Z3	药用
39 蔷薇科 Rosaceae	191. 龙芽草	*Agrimonia pilosa* Ledeb.	安全种		药用、鞣料
	192. 山桃	*Prunus davidiana* Franch.	安全种		蜜源、药用
	193. 桃*	*Prunus persica* Batsch.	未评估种		
	194. 榆叶梅	*Prunus triloba* Lindl.	安全种		观赏
	195. 杏*	*Prunus armeniaca* L.	未评估种		
	196. 山杏	*Prunus armeniaca* var. *ansu* Maxim.	安全种		药用、油脂、野果
	197. 欧李	*Prunus humilis* Bge.	安全种		野果
	198. 李*	*Prunus salicina* Lindl.	未评估种		果树
	199. 直立地蔷薇	*Chamaerhodos erecta* (L.) Bge.	安全种		药用

（续）

科名	种名	拉丁名	濒危程度	保护级别	经济用途
39 蔷薇科 Rosaceae	200. 山楂	*Crataegus pinnatifida* Bge.	安全种		药用、野果
	201. 山里红*	*Crataegus pinnatifida* var. *major* N. E. Br.	未评估种		野果
	202. 灰栒子	*Cotoneaster acutifolius* Turcz.	敏感种	Z3	
	203. 蚊子草	*Filipendula palmata* (Pall.) Maxim.	安全种		
	204. 水杨梅	*Geum aleppicum* Jacq.	安全种		药用、鞣料
	205. 花红*	*Malus asiatica* Nakai.	未评估种		
	206. 山荆子	*Malus baccata* (L.) Borkh.	敏感种	Z3	野果、材用
	207. 楸子	*Malus prunifolia* (Willd.) Borkh.	敏感种	Z3	
	208. 苹果*	*Malus pumila* Mill.	未评估种		
	209. 疏毛钩叶委陵菜	*Potentilla ancistrifolia* Bge. var. *dickinsii* (Franch. et Sav.) Koidz.	安全种		
	210. 二裂委陵菜	*Potentilla bifurca* L.	安全种		
	211. 委陵菜	*Potentilla chinensis* Ser.	安全种		药用、鞣料
	212. 翻白草	*Potentilla discolor* Bge.	安全种		药用
	213. 匍枝委陵菜	*Potentilla flagellaris* Willd. ex Schlecht.	安全种		
	214. 莓叶委陵菜	*Potentilla fragarioides* L.	安全种		药用
	215. 腺毛委陵菜	*Potentilla longifolia* Willd. ex Schlecht.	安全种		
	216. 多茎委陵菜	*Potentilla multicaulis* Bge.	安全种		
	217. 西山委陵菜	*Potentilla sishanensis* Bge. ex Lehm.	安全种		
	218. 朝天委陵菜	*Potentilla supina* L.	安全种		野菜
	219. 菊叶委陵菜	*Potentilla tanacetifolia* Willd.	安全种		
	220. 稠李	*Prunus padus* L.	渐危种	Z2	材用
	221. 白梨*	*Pyrus bretschneideri* Rehod.	未评估种		
	222. 西洋梨*	*Pyrus communis* L. var. *sativa* (DC.) DC.	未评估种		
	223. 秋子梨	*Pyrus ussuriensis* Maxim.	敏感种		野果
	224. 美蔷薇	*Rosa bella* Rehd. et Wils.	渐危种	Z2	野果、观赏
	225. 月季*	*Rosa chinensis* Jacq.	未评估种		观赏、芳香
	226. 刺玫蔷薇	*Rosa dahurica* Pall.	敏感种		芳香、药用、观赏
	227. 牛迭肚	*Rubus crataegifolius* Bge.	安全种		野果、药用、纤维
	228. 华北覆盆子	*Rubus idaeus* L. var. *borealisinensis* Yu et Lu	安全种		野果
	229. 石生悬钩子	*Rubus saxatilis* L.	安全种	Z3	野果
	230. 地榆	*Sanguisorba officinalis* L.	安全种		药用、鞣料
	231. 花楸树	*Sorbus pauhuashanensis* (Hance) Hedl.	濒危种	Z2	野果、观赏
	232. 土庄绣线菊	*Spiraea pubescens* Turcz.	安全种		水保、观赏
	233. 三裂绣线菊	*Spiraea trilobata* L.	安全种		水保、观赏

（续）

科名	种名	拉丁名	濒危程度	保护级别	经济用途
40 豆科 Leguminosae	234. 紫穗槐*	*Amorpha fruticosa* L.	未评估种		水保、饲用、纤维
	235. 三籽两型豆	*Amphicarpaea trisperma* (Miq.) Baker ex Kitag.	安全种		
	236. 毛细柄黄耆	*Astragalus capillipes* Fisch ex Bge.	安全种		饲用
	237. 扁茎黄耆	*Astragalus complanatus* R. Br.	濒危种	Z2	药用
	238. 达乌里黄耆	*Astragalus dahuricus* (Pall.) DC.	安全种		饲用
	239. 草木犀状黄耆	*Astragalus melilotoides* Pall.	安全种		饲用
	240. 树锦鸡儿	*Caragana arborescens* (Amm.) Lam.	极危种	Z1	
	241. 小叶锦鸡儿	*Caragana microphylla* Lam.	安全种		药用
	242. 红花锦鸡儿	*Caragana rosea* Turcz.	安全种		
	243. 野大豆	*Glycine soja* Sieb. et Zucc.	安全种	G2、Z2	药用、油脂
	244. 米口袋	*Gueldenstaedtia multiflora* Bge.	安全种		
	245. 长萼鸡眼草	*Kummerowia stipulacea* (Maxim.) Makino	安全种		药用、饲用
	246. 茳芒香豌豆	*Lathyrus davidii* Hance.	安全种		药用
	247. 长叶铁扫帚	*Lespedeza caraganae* Bge.	安全种		饲用
	248. 短序胡枝子	*Lespedeza cytobotrya* Miq.	安全种		
	249. 达乌里胡枝子	*Lespedeza davurica* (Laxm.) Schindl.	安全种		药用
	250. 胡枝子	*Lespedeza bicolor* Turcz.	安全种		蜜源、水保、饲用
	251. 多花胡枝子	*Lespedeza floribunda* Bge.	安全种		药用、饲用
	252. 白指甲花*	*Lespedeza inschanica* (Maxim.) Schindl.	未评估种		
	253. 尖叶铁扫帚	*Lespedeza juncea* Pers.	安全种		
	254. 毛胡枝子	*Lespedeza tomentosa* (Thunb.) Sieb. ex Maxim.	安全种		药用、饲用
	255. 天蓝苜蓿	*Medicago lupulina* L.	安全种		药用、饲用、蜜源
	256. 紫苜蓿	*Medicago sativa* L.	安全种		饲用、蜜源、野菜
	257. 细齿草木犀	*Melilotus dentatus* (Wald. et Kit.) Pers.	安全种		饲用
	258. 黄香草木犀	*Melilotus officinalis* (L.) Pers.	安全种		饲用
	259. 扁蓿豆	*Melissitus ruthenica* (L.) C. W. Chang	安全种		
	260. 刺槐*	*Robinia pseudoacacia* L.	未评估种		材用、蜜源
	261. 苦参	*Sophora flavescens* Ait.	敏感种		药用、蜜源、纤维
	262. 山野豌豆	*Vicia amoena* Fisch.	安全种		
	263. 广布野豌豆	*Vicia cracca* L.	安全种	Z3	
	264. 大野豌豆	*Vicia gigantea* Bge.	安全种		
	265. 假香野豌豆	*Vicia pseudo-orobus* Fisch. et Mey.	安全种		饲用
	266. 歪头菜	*Vicia unijuga* A. Br.	安全种		药用、饲用
41 牻牛儿苗科 Geraniaceae	267. 牻牛儿苗	*Erodium stephanianum* Willd.	渐危种	Z3	药用
	268. 粗根老鹳草	*Geranium dahuricum* DC.	渐危种	Z3	
	269. 毛蕊老鹳草	*Geranium eriostemon* Fisch. ex DC.	安全种	Z3	

（续）

科名	种名	拉丁名	濒危程度	保护级别	经济用途
41 牻牛儿苗科 Geraniaceae	270. 鼠掌老鹳草	*Geranium sibiricam* L.	安全种		药用
42 亚麻科 Linaceae	271. 野亚麻	*Linum stelleroides* Planch.	安全种		纤维、药用
43 蒺藜科 Zygophyllaceae	272. 蒺藜	*Tribulus terrestris* L.	安全种		药用、纤维
44 芸香科 Rutaceae	273. 黄檗	*Phellodendron amurense* Rupr.	极危种	G2、Z1	药用、材用
45 苦木科 Simaroubaceae	274. 臭椿*	*Ailanthus altissima*（Mill.）Swingle	未评估种		材用、油脂
46 远志科 Polygalaceae	275. 西伯利亚远志	*Polygala sibirica* L.	安全种		药用
	276. 远志	*Polygala tenuifolia* Willd.	安全种		药用
47 大戟科 Euphorbiaceae	277. 铁苋菜	*Acalypha australis* L.	安全种		药用
	278. 地锦草	*Euphorbia humifusa* Willd.	安全种		药用
	279. 猫眼草	*Euphorbia lunulata* Bge.	安全种		药用
	280. 雀儿舌头	*Leptopus chinensis*（Bge.）Pojark.	安全种		
	281. 一叶萩	*Securinega suffruticosa*（Pall.）Rehd.	安全种		药用
48 漆树科 Anacardiaceae	282. 黄栌*	*Cotinus coggygria* Scop. var. *cinerea* Engl.	未评估种		观赏
	283. 火炬树*	*Rhus typhina* L.	未评估种		水保、观赏
49 卫矛科 Celastraceae	284. 南蛇藤	*Celastrus orbiculatus* Thunb.	安全种		药用、纤维、油脂
	285. 卫矛	*Euonymus alatus*（Thunb.）Sieb.	安全种		药用、油脂
	286. 明开夜合	*Euonymus bungeanus* Maxim.	安全种		药用、油脂
50 槭树科 Aceraceae	287. 色木槭	*Acer mono* Maxim.	安全种		材用、纤维
	288. 元宝枫	*Acer truncatum* Bge.	安全种		材用、观赏
51 无患子科 Sapindaceae	289. 栾树	*Koelreuteria paniculata* Laxm.	敏感种		材用、蜜源
52 凤仙花科 Balsaminaceae	290. 凤仙花*	*Impatiens balsamina* L.	未评估种		观赏
	291. 水金凤	*Impatiens noli – tangere* L.	安全种		药用
53 鼠李科 Rhamnaceae	292. 锐齿鼠李	*Rhamnus arguta* Maxim.	安全种		油脂
	293. 鼠李	*Rhamnus davurica* Pall.	安全种		染料
	294. 圆叶鼠李	*Rhamnus globosa* Bge.	安全种		药用、油脂
	295. 东北鼠李	*Rhamnus schneideri* Lévl. et Vent. var. *mandshurica*（Nakai）Nakai	安全种		
	296. 小叶鼠李	*Rhamnus parvifolia* Bge.	安全种		药用、水保
	297. 冻绿	*Rhamnus utilis* Decne.	安全种	Z3	染料
	298. 酸枣	*Ziziphus jujuba* Mill. var. *spinosa* Hu ex H. F. Chow	安全种		野果、药用、蜜源

（续）

科名	种名	拉丁名	濒危程度	保护级别	经济用途
54 葡萄科 Vitaceae	299. 乌头叶蛇葡萄	*Ampelopsis aconitifolia* Bge.	安全种		药用
	300. 掌裂叶蛇草葡萄	*Ampelopsis aconitifolia* var. *glabra* Diels	安全种		药用
	301. 葎叶蛇葡萄	*Ampelopsis humulifolia* Bge.	安全种		药用
	302. 山葡萄	*Vitis amurensis* Rupr.	极危种	Z1	野果、药用
55 椴树科 Tiliaceae	303. 紫椴	*Tilia amurensis* Rupr.	濒危种	G2、Z2	材用、纤维
	304. 糠椴	*Tilia mandshurica* Rupr. et Maxim.	渐危种	Z2	材用、纤维
	305. 蒙椴	*Tilia mongolica* Maxim.	渐危种	Z2	材用、纤维
56 锦葵科 Malvaceae	306. 苘麻	*Abutilon theophrasti* Medic.	安全种		纤维、药用
	307. 蜀葵	*Althaea rosea*（L.）Cav.	安全种		
	308. 野西瓜苗	*Hibiscus trionum* L.	安全种		药用
	309. 锦葵	*Malva sinensis* Cav.	安全种		药用
	310. 冬葵	*Malva verticillata* L.	安全种		纤维、药用
57 猕猴桃科 Actinidiaceae	311. 软枣猕猴桃	*Actinidia arguta*（Sieb. et Zucc.）Planch. ex Miq.	极危种	B2、Z1	野果、纤维
58 藤黄科 Guttiferae	312. 红旱莲	*Hypericum ascyron* L.	敏感种	Z3	药用、观赏
59 堇菜科 Violaceae	313. 鸡腿堇菜	*Viola acuminata* Ledeb.	安全种		药用
	314. 球果堇菜	*Viola collina* Bess.	安全种		
	315. 裂叶堇菜	*Viola dissecta* Ledeb.	安全种		药用
	316. 蒙古堇菜	*Viola mongolica* Franch.	安全种		
	317. 北京堇菜	*Viola pekinensis*（Regel）W. Beck.	安全种		
	318. 深山堇菜	*Viola selkirkii* Pursh ex Golde.	安全种		
	319. 斑叶堇菜	*Viola variegata* Fisch. ex Link.	安全种		
	320. 紫花地丁	*Viola yedoensis* Makino	安全种		药用
	321. 阴地堇菜	*Viola yezoensis* Maxim.	安全种		
60 瑞香科 Thymelaeaceae	322. 草瑞香	*Diarhron linifolium* Turcz.	安全种		
61 胡颓子科 Elaeagnaceae	323. 中国沙棘	*Hippophae rhamnoides* L. ssp. *chinensis* Rousi	极危种	Z3	野果
62 千屈菜科 Lythraceae	324. 千屈菜	*Lythrum salicaria* L.	安全种		
63 柳叶菜科 Onagraceae	325. 柳兰	*Chamaenerion angustifolium*（L.）Scop.	安全种		纤维、药用、观赏
	326. 高山露珠草	*Circaea alpina* L.	安全种		
	327. 心叶露珠草	*Circaea cordata* Royle	安全种		
	328. 露珠草	*Circaea quadrisulcata*（Maxim.）Franch. et Sav.	安全种		
	329. 柳叶菜	*Epilobium hirsutum* L.	消失种		药用
	330. 沼生柳叶菜	*Epilobium palustre* L.	敏感种		
	331. 夜来香*	*Oenothera biennis* L.	未评估种		观赏

（续）

科名	种名	拉丁名	濒危程度	保护级别	经济用途
64 五加科 Araliaceae	332. 刺五加	*Acanthopanax senticosus* (Rupr. et Maxim.) Harms	极危种	B2、Z1	药用
	333. 无梗五加	*Acanthopanax sessiliflorus* (Rupr. et Maxim.) Seem.	濒危种	B2、Z2	药用
65 伞形科 Umbelliferae	334. 兴安白芷	*Angelica dahurica* (Fisch.) Benth. et Hook. ex Franch. et Sav.	敏感种		药用
	335. 北柴胡	*Bupleurum chinense* DC.	敏感种	Z3	药用
	336. 北京柴胡	*Bupleurum chinense* f. *pekinense* (Franch.) Shan et Y. Li	敏感种		药用
	337. 红柴胡	*Bupleurum scorzonerifolium* Willd.	敏感种	Z3	药用
	338. 毒芹	*Cicuta virosa* L.	安全种		药用
	339. 柳叶芹	*Czernaevia laevigata* Turcz.	安全种		
	340. 短毛独活	*Heracleum moellendorffii* Hance	渐危种	Z3	药用
	341. 辽藁本	*Ligusticum jeholense* (Nakai et Kitag.) Nakai et Kitag.	渐危种	Z2	药用
	342. 火藁木	*Ligusticum tenuissimum* (Nakai) Kitag.	渐危种	Z3	
	343. 大齿山芹	*Ostericum grosseserratum* (Maxim.) Kitag.	安全种		
	344. 山芹	*Ostericum sieboldii* (Miq.) Nakai	安全种		
	345. 石防风	*Peucedanum terebinthaceum* (Fisch.) Fisch. ex Turcz.	敏感种	Z3	药用
	346. 防风	*Saposhnikovia divaricata* (Turcz.) Schischk.	渐危种	Z2	药用
	347. 迷果芹	*Sphallerocarpus gracilis* (Bess.) K.	安全种		
	348. 窃衣	*Torilis japonica* (Houtt.) DC.	渐危种	Z2	药用
66 山茱萸科 Cornaceae	349. 沙梾	*Cornus bretschneideri* L.	安全种	Z3	
67 鹿蹄草科 Pyrolaceae	350. 鹿蹄草	*Pyrola calliantha* H. Andr.	渐危种	B2、Z2	药用
68 杜鹃花科 Ericaceae	351. 照山白	*Rhododendron micranthum* Turcz.	安全种		药用、观赏
	352. 迎红杜鹃	*Rhododendron mucronulatum* Turcz.	敏感种	Z3	观赏、药用、芳香
69 报春花科 Primulaceae	353. 点地梅	*Androsace umbellata* (Lour.) Merr.	安全种		药用
	354. 狼尾花	*Lysimachia barystachys* Bge.	安全种		药用
	355. 黄连花	*Lysimachia davurica* Ledeb.	安全种		
	356. 翠南报春	*Primula sieboldii* E. Morren	渐危种	Z3	
70 木犀科 Oleaceae	357. 连翘	*Forsythia suspensa* (Thunb.) Vahl.	极危种	Z1	药用、观赏
	358. 小叶白蜡	*Fraxinus bungeana* DC.	安全种		材用、药用
	359. 大叶白蜡	*Fraxinus rhynchophylla* Hce.	安全种		材用、药用
	360. 北京丁香	*Syringa pekinensis* Rupr.	渐危种		观赏、蜜源
	361. 毛叶丁香	*Syringa pubescens* Turcz.	敏感种		观赏

（续）

科名	种名	拉丁名	濒危程度	保护级别	经济用途
71 龙胆科 Gentianaceae	362. 大叶龙胆	*Gentiana macrophylla* Pall.	安全种		观赏
	363. 笔龙胆	*Gentiana zollingeri* Fawcett	敏感种	Z3	观赏
	364. 花锚	*Halenia sibirica* Borkh.	渐危种	Z2	观赏
72 萝藦科 Asclepidaceae	365. 白薇	*Cynanchum atratum* Bge.	安全种		
	366. 白首乌	*Cynanchum bungei* Decne.	渐危种	B2、Z3	药用
	367. 徐长卿	*Cynanchum paniculatum*（Bge.）Kitag.	濒危种	Z2	药用
	368. 紫花杯冠藤	*Cynanchum purpureum*（Pall.）K. Schum.	消失种		
	369. 地梢瓜	*Cynanchum thesioides*（Freyn.）K. Schum.	安全种		药用
	370. 萝藦	*Metaplexis japonica*（Thunb.）Makino	敏感种		药用、纤维
73 旋花科 Convolvulaceae	371. 打碗花	*Calystegia hederacea* Wall. ex Roxb.	安全种		
	372. 田旋花	*Convolvulus arvensis* L.	安全种		药用
	373. 菟丝子	*Cuscuta chinensis* Lam.	安全种		药用
	374. 日本菟丝子	*Cuscuta japonica* Choisy	安全种		
	375. 裂叶牵牛	*Pharbitis hederacea*（L.）Choisy	安全种		药用
	376. 圆叶牵牛	*Pharbitis purpurea*（L.）Viogt.	安全种		药用
74 紫草科 Boraginaceae	377. 北齿缘草	*Eritirichium borealisinense* Kitag.	消失种		
	378. 鹤虱	*Lappula myosotis* V. Wolf	安全种		
	379. 紫草	*Lithospermum erythrorhizon* Sieb.	敏感种	Z3	药用
	380. 湿地勿忘草	*Myosotis caespitosa* Schultz	安全种		
	381. 聚合草	*Symphytum officinale* L.	敏感种	Z3	
	382. 钝萼附地菜	*Trigonotis amblyosepala* Nakai et Kitag.	安全种		
75 马鞭草科 Verbenaceae	383. 荆条	*Vitex negundo* L. var. *heterophylla*（Franch.）Rehd.	安全种		纤维、蜜源、水保
76 唇形科 Labiatae	384. 藿香	*Agastache rugosa*（Fisch. et Mey.）O. Ktze.	敏感种	Z3	蜜源、药用、芳香
	385. 水棘针	*Amethystea caerulea* L.	安全种		油脂
	386. 风轮菜	*Clinopodium chinensis*（Benth.）O. Ktze.	安全种		
	387. 风车草	*Clinopodium chinensis* O. Kuntze var. *grandiflorum*（Maxim.）Hara	安全种		
	388. 香青兰	*Dracocephalum moldavica* L.	渐危种	Z2	药用、油脂、芳香
	389. 香薷	*Elsholtzia ciliata*（Thunb.）Hyland	敏感种	Z3	药用、芳香
	390. 海州香薷	*Elsholtzia splendens* Nakai. ex F. Maekawa	安全种		芳香
	391. 木本香薷	*Elsholtzia stauntoni* Benth.	安全种		蜜源、芳香
	392. 白花木本香薷	*Elsholtzia stauntinii* f. *albiflora* Jen et Y. J. Chang	极危种	Z1	
	393. 活血丹	*Glechoma longituba*（Nakai）Kupr.	敏感种		药用
	394. 夏至草	*Lagopsis supina*（Steph.）IK. –Gal. ex Knorr.	渐危种	Z2	药用
	395. 益母草	*Leonurus japonicus* Houtt.	敏感种		药用

（续）

科名	种名	拉丁名	濒危程度	保护级别	经济用途
76 唇形科 Labiatae	396. 细叶益母草	*Leonurus sibiricus* L.	敏感种	Z3	药用
	397. 兴安益母草	*Leonurus tataricus* L.	濒危种	Z1	药用
	398. 薄荷	*Mentha haplocalyx* Briq.	安全种		药用、芳香
	399. 紫苏	*Perilla frutescens*（L.）Britt.	安全种		野菜、芳香
	400. 口外糙苏	*Phlomis jeholensis* Nakai et Kitag.	安全种		
	401. 糙苏	*Phlomis umbrosa* Turcz.	安全种		油脂
	402. 蓝萼香茶菜	*Rabdosia japonica*（Burm. f.）Hara var. *glaucocalyx*（Maxim.）Hara	安全种		药用
	403. 荫生鼠尾草	*Salvia umbratica* Hance	安全种		
	404. 黄芩	*Scutellaria baicalensis* Georgi.	渐危种	B2、Z2	药用
	405. 纤弱黄芩	*Scutellaria dependens* Maxim.	渐危种	Z2	药用
	406. 北京黄芩	*Scutellaria pekinensis* Maxim.	渐危种	Z2	
	407. 并头黄芩	*Scutellaria scordifolia* Fisch. ex Schrank	渐危种	Z2	
	408. 华水苏	*Stachys chinensis* Bge. ex Benth.	安全种		
	409. 甘露子	*Stachys sieboldii* Miq.	安全种		
	410. 地椒	*Thymus quinquecostatus* Celak.	安全种		药用
77 茄科 Solanaceae	411. 曼陀罗	*Datura stramonium* L.	安全种		药用
	412. 宁夏枸杞*	*Lycium barbarum* L.	未评估种		药用
	413. 酸浆	*Physalis alkekengi* L. var. *francheti*（Mast.）Makino	安全种		药用、野果
	414. 龙葵	*Solanum nigrum* L.	安全种		药用
78 玄参科 Scrophulariaceae	415. 山萝花	*Melampyrum roseum* Maxim.	安全种		药用
	416. 沟酸浆	*Mimulus tenellus* Bge.	安全种		野菜
	417. 疗齿草	*Odontites serotina*（Lam.）Dum.	敏感种	Z3	药用
	418. 返顾马先蒿	*Pedicularis resupinata* L.	渐危种	Z3	药用
	419. 穗花马先蒿	*Pedicularis spicata* Pall.	渐危种	Z2	
	420. 红纹马先蒿	*Pedicularis striata* Pall.	渐危种	Z2	
	421. 松蒿	*Phtheirospermum japonicum*（Thumb.）Kanitz	安全种		药用
	422. 地黄	*Rehmannia glutinosa*（Gaertn.）Libosch.	安全种		药用
	423. 山西玄参	*Scrophularia modesta* Kitag.	渐危种	Z2	
	424. 阴行草	*Siphonostegla chinensis* Benth.	安全种		药用
	425. 北水苦荬	*Veronica anagalis – aquatica* L.	安全种		药用
	426. 水蔓菁	*Veronica linariifolia* Pall. ex Link ssp. *dilatata*（Nakai et Kitag.）Hong	安全种		药用
	427. 草本威灵仙	*Veronicastrum sibiricum*（L.）Pennell	敏感种		药用
79 紫葳科 Bignoniaceae	428. 角蒿	*Incarvillea sinensis* Lam.	安全种		药用

（续）

科名	种名	拉丁名	濒危程度	保护级别	经济用途
80 列当科 Orobanchaceae	429. 列当	*Orobanche coerulescens* Steph. et Willd.	濒危种	Z2	药用
	430. 黄花列当	*Orobanche pycnostchya* Hance	濒危种	Z2	药用
81 苦苣苔科 Gesneriaceae	431. 牛耳草	*Boea hygrometrica*（Bge.） R. Br.	敏感种		药用
82 透骨草科 Phrymaceae	432. 透骨草	*Phryma leptostachya* L. var. *asiatica* Hara.	安全种		药用
83 车前科 Plantaginaceae	433. 车前	*Plantago asiatica* L.	安全种		药用、野菜
	434. 平车前	*Plantago depressa* Willd.	安全种		药用
84 茜草科 Rubiaceae	435. 猪殃殃	*Galium aparine* L.	安全种		
	436. 异叶轮草	*Galium maximoaiczii*（Kom.） Pobecl	濒危种	Z2	
	437. 蓬子菜	*Galium verum* L.	安全种	Z3	
	438. 茜草	*Rubia cordifolia* L.	安全种		药用、染料
85 忍冬科 Caprifoliaceae	439. 六道木	*Abelia biflora* Turcz.	未评估种		药用
	440. 金花忍冬*	*Lonicera chrysantha* Turcz.	安全种		药用
	441. 北京忍冬	*Lonicera pekinensis* Rehd.	敏感种	Z3	
	442. 华北忍冬	*Lonicera tatarinowii* Maxim.	敏感种	Z3	
	443. 接骨木	*Sambucus williamsii* Hance	敏感种	Z3	药用、观赏
	444. 蒙古荚蒾	*Viburnum mongolicum* Rehd.	安全种		观赏
	445. 鸡树条荚蒾	*Viburnum sargentii* Koehne	濒危种	Z2	野果
86 五福花科 Adoxaceae	446. 五福花	*Adoxa moschatellina* L.	极危种	Z1	
87 败酱科 Valerianaceae	447. 异叶败酱	*Patrinia heterophylla* Bge.	安全种		药用
	448. 黄花龙芽	*Patrinia scabiosaefolia* Fisch. ex Link.	安全种		药用
	449. 糙叶败酱	*Patrinia scabra* Bge.	敏感种		
88 川续科 Dipsacaceae	450. 日本续断	*Dipsacus japonicus* Miq.	安全种		
	451. 华北蓝盆花	*Scabiosa tschiliensis* Grun.	安全种		观赏
	452. 白花华北蓝盆花	*Scabiosa tschiliensis* Grunning f. *albiflora* U. W. Liu et D. Z. Lu	濒危种		观赏
89 葫芦科 Cucurbitaceae	453. 裂瓜	*Schizopepon bryoniaefolius* Maxim.	濒危种	Z2	药用
	454. 赤雹	*Thladiantha dubia* Bge.	渐危种	Z3	药用
90 桔梗科 Campanulaceae	455. 展枝沙参	*Aenophora divaricata* Franch. et Sav.	敏感种		药用
	456. 紫沙参	*Aenophora paniculata* Nannf.	敏感种	Z3	药用
	457. 齿叶紫沙参	*Aenophora paniculata* var. *dentata* Y. Z. Zhao	濒危种	Z2	
	458. 石沙参	*Aenophora polyantha* Nakai	安全种		药用
	459. 荠苨	*Aenophora trachelioides* Maxim.	敏感种		药用、野菜
	460. 多歧沙参	*Aenophora wawreana* Zahlbr.	敏感种		药用

（续）

科名	种名	拉丁名	濒危程度	保护级别	经济用途
90 桔梗科 Campanulaceae	461. 紫斑风铃草	*Campanula punctata* Lamk.	安全种	Z3	
	462. 羊乳	*Codonopsis lanceolata* (Sieb. et Zucc.) Trautv.	渐危种	B2、Z2	
	463. 党参	*Codonopsis pilosula* (Franch.) Nannf	濒危种	B2、Z2	药用
	464. 桔梗	*Platycodon grandiflorus* (Jacq.) A. DC.	敏感种	B2、Z2	药用、观赏、野菜
91 菊科 Compositae	465. 高山蓍	*Achillea alpina* L.	敏感种		药用
	466. 猫儿菊	*Achyrophrus ciliatus* (Thunb.) Ssh. – Bip.	渐危种	Z3	药用
	467. 和尚菜	*Adenocaulon himalaicum* Edgew.	安全种		
	468. 牛蒡	*Arctium lappa* L.	敏感种		药用
	469. 黄花蒿	*Artemisia annua* L.	安全种		芳香、野菜、纤维
	470. 艾蒿	*Artemisia argyi* Levl. et Vant.	安全种		药用
	471. 茵陈蒿	*Artemisia capillaris* Thunb.	安全种		药用、芳香
	472. 南牡蒿	*Artemisia eriopoda* Bge.	安全种		药用
	473. 吉蒿	*Artemisia giraldii* Pamp.	安全种		
	474. 白莲蒿	*Artemisia gmelinii* Web. ex Stechm.	安全种		
	475. 歧茎蒿	*Artemisia igniaria* Maxim.	安全种		
	476. 野艾蒿	*Artemisia lavandulaefolia* DC.	安全种		芳香
	477. 蒙古蒿	*Artemisia mongolica* Fisch.	安全种		芳香
	478. 猪毛蒿	*Artemisia scoparia* Wald. et Kit.	安全种		
	479. 水蒿	*Artemisia selengensis* Turcz.	安全种		
	480. 大籽蒿	*Artemisia sieversiana* Willd.	安全种		药用
	481. 牛尾蒿	*Artemisia subdigitata* Mattf.	安全种		
	482. 毛莲蒿	*Artemisia vestita* Wall.	安全种		
	483. 三褶脉紫菀	*Aster ageratoides* Turcz.	安全种		药用
	484. 紫菀	*Aster tataricus* L.	安全种		药用
	485. 苍术	*Atractylodes lancea* (Thunb.) DC.	安全种		药用
	486. 鬼针草	*Bidens bipinnata* L.	安全种		药用
	487. 小花鬼针草	*Bidens parviflora* Willd.	安全种		药用
	488. 狼把草	*Bidens tripartita* L.	安全种		药用
	489. 山尖子	*Cacalia hastata* L.	安全种		
	490. 翠菊	*Callistephus chinensis* (L.) Nees	敏感种		药用
	491. 飞廉	*Carduus crispus* L.	安全种		药用
	492. 烟管头草	*Carpesium cernuum* L.	安全种		药用
	493. 烟管蓟	*Cirsium pendulum* Fisch.	安全种		
	494. 刺儿菜	*Cirsium setosum* (Willd.) Bieb.	安全种		药用、野菜、饲用
	495. 绒背蓟	*Cirsium vlassovianum* Fisch.	消失种		
	496. 小蓬草	*Conyza canadensis* (L.) Cronq.	安全种		

（续）

科名	种名	拉丁名	濒危程度	保护级别	经济用途
91 菊科 Compositae	497. 秋英	*Cosmos bipinnatus* Cav.	安全种		
	498. 大丽花*	*Dahlia pinnata* Cav. Ic. et Descr.	未评估种		
	499. 小红菊	*Dendranthema chanetii*（Levl.）Shih	安全种		药用
	500. 甘野菊	*Dendranthema lavandulifolium* var. *seticuspe*（Maxim.）Shih	安全种		药用
	501. 紫花野菊	*Dendranthema zawadskii*（Herb.）Tzvel.	安全种		
	502. 东风菜	*Doellingeria scaber*（Thunb.）Nees	安全种		药用、蜜源
	503. 蓝刺头	*Echinops latifolius* Tausch.	安全种		观赏
	504. 堪察加飞蓬	*Erigeron kamtschaticus* DC.	安全种		
	505. 线叶菊	*Filifolium sibiricum*（L.）Kitam.	敏感种	Z3	药用
	506. 泽兰	*Eupatorium lindleyanum* DC.	安全种		药用、芳香
	507. 阿尔泰狗哇花	*Heteropappus altaicus*（Willd.）Novopokr.	安全种		药用
	508. 狗哇花	*Heteropappus hispidus*（Thunb.）Less.	安全种		观赏
	509. 欧亚旋覆花	*Inula britanica* L.	安全种		
	510. 苦菜	*Ixeris chinensis*（Thunb.）Nakai	安全种		药用
	511. 秋苦荬菜	*Ixeris denticulata*（Houtt.）Steb.	安全种		
	512. 抱茎苦荬菜	*Ixeris sonchifolia* Hance	安全种		
	513. 裂叶马兰	*Kalimeris incisa*（Fisch.）DC.	安全种		
	514. 山马兰	*Kalimeris lautureana*（Debx.）Kitam.	安全种		
	515. 山莴苣	*Lactuca indica* L.	安全种		饲用
	516. 翼柄山莴苣	*Lactuca triangulata* Maxim.	敏感种	Z3	
	517. 大丁草	*Leibnitzia anandria*（L.）Nakai.	安全种		药用
	518. 火绒草	*Leontopodium leontopodioides* Beauv.	安全种		药用
	519. 绢茸火绒草	*Leontopodium smithianum* Hand. - Mazz.	安全种		
	520. 西伯利亚橐吾	*Ligularia sibirica*（Ligularia）Cass.	敏感种	Z3	
	521. 蚂蚱腿子	*Myripnois dioica* Bge.	安全种	Z3	水保
	522. 毛连菜	*Picris japonica* Thunb.	安全种		
	523. 大叶盘果菊	*Prenanthes macrophylla* Franch.	安全种		
	524. 盘果菊	*Prenanthes tatarinowii* Maxim.	安全种		
	525. 祁州漏芦	*Rhaponticum uniflorum*（L.）DC.	安全种		药用
	526. 风毛菊	*Saussurea japonica*（Thunb.）DC.	安全种		药用
	527. 翼茎风毛菊	*Saussurea japonica* var. *alata*（Regel.）Kom.	敏感种	Z3	
	528. 华北风毛菊	*Saussurea mongolica*（Franch.）Franch.	安全种		
	529. 银背风毛菊	*Saussurea nivea* Turcz.	安全种		
	530. 蓖苞风毛菊	*Saussurea pectinata* Bge.	安全种		
	531. 乌苏里风毛菊	*Saussurea ussuriensis* Maxim.	安全种		
	532. 细叶鸦葱	*Scorzonera albicaulis* Bge.	安全种		药用

（续）

科名	种名	拉丁名	濒危程度	保护级别	经济用途
91 菊科 Compositae	533. 桃叶鸦葱	*Scorzonera sinensis* Lipsch. et Krasch.	安全种		药用
	534. 羽叶千里光	*Senecio argunensis* Turcz.	敏感种	Z3	药用
	535. 狗舌草	*Senecio kirilowii* Turcz.	安全种		药用
	536. 林荫千里光	*Senecio nemorensis* L.	渐危种	Z3	药用
	537. 多头麻花头	*Serratula polycephala* Iljin	安全种		
	538. 腺梗豨莶	*Siegesbeckia pubescens* Makino	安全种		药用
	539. 苣荬菜	*Sonchus brachyotus* DC.	安全种		药用
	540. 兔儿伞	*Syneilesis aconitifolia*（Bge.）Maxim.	安全种		药用
	541. 山牛蒡	*Synurus deltoides*（Ait.）Nakai	安全种		
	542. 亚洲蒲公英	*Taraxacum asiaticum* Dahlst.	安全种		
	543. 红梗蒲公英	*Taraxacum erythropodium* Kitag.	安全种		
	544. 苍耳	*Xanthium sibiricum* Patrin ex Widd.	安全种		油脂
92 眼子菜科 Potamogetonaceae	545. 菹草	*Potamogeton crispus* L.	安全种		饲用
93 水麦冬科 Juncaginaceae	546. 水麦冬*	*Triglochin palustre* L.	消失种		
94 禾本科 Gramineae	547. 远东芨芨草	*Achnatherum extremiorientale*（Hara）Keng	安全种		纤维、饲用
	548. 京芒草	*Achnatherum pekinense*（Hce.）Ohwi	安全种		纤维
	549. 羽茅	*Achnatherum sibiricum*（L.）Keng	安全种		
	550. 华北剪股颖	*Agrostis clavata* Trin.	安全种		
	551. 看麦娘	*Alopecurus aequalis* Sobol.	安全种	Z3	
	552. 荩草	*Arthraxon hispidus*（Thunb.）Makino	安全种		纤维、药用、饲用
	553. 野古草	*Arundinella hirta*（Thunb.）Tanaka	安全种		纤维、饲用
	554. 水稗子	*Beckmannia syzigachne*（Steud.）Fernald	安全种		
	555. 白羊草	*Bothriochloa ischaemum*（L.）Keng	安全种		纤维、水保、饲用
	556. 野青茅	*Calamagrostis arundinacea*（L.）Roth	安全种		饲用
	557. 拂子茅	*Calamagrostis epigejos*（L.）Roth	安全种		纤维、饲用
	558. 大叶章	*Calamagrostis purpurea*（Trin.）Trin.	安全种		纤维
	559. 虎尾草	*Chloris virgata* Swartz	安全种		饲用
	560. 丛生隐子草	*Cleistogenes caespitosa* Keng	安全种		饲用
	561. 中华隐子草	*Cleistogenes chinensis*（Maxim.）Keng	安全种		
	562. 北京隐子草	*Cleistogenes hancei* Keng	安全种		饲用
	563. 长芒隐子草	*Cleistogenes hackeli* var. *nakai*（Keng）Ohwi	安全种		
	564. 多叶隐子草	*Cleistogenes polyphylla* Keng	安全种		
	565. 薏苡*	*Coix lacryma-jabi* L.	未评估种		
	566. 毛马唐	*Digitaria ciliaris*（Retz.）Koel.	安全种		饲用

（续）

科名	种名	拉丁名	濒危程度	保护级别	经济用途
94 禾本科 Gramineae	567. 止血马唐	*Digitaria ischaemum* (Schreb.) Muhlenb.	安全种		饲用、药用
	568. 稗	*Echinochloa crusgallii* (L.) Beauv.	安全种		纤维、饲用
	569. 蟋蟀草	*Eleusine indica* (L.) Gaertn.	安全种		饲用
	570. 圆柱披碱草	*Elymus cylindricus* (Franch.) Honda	安全种		
	571. 披碱草	*Elymus dahuricus* (Turcz.) Nevski	安全种		饲用
	572. 肥披碱草	*Elymus excelsus* Turcz.	安全种		
	573. 秋画眉草	*Eragrostis autumnalis* Keng	安全种		饲用
	574. 小画眉草	*Eragrostis poaeoides* Beauv.	安全种		饲用
	575. 野黍	*Eriochloa villosa* (Thunb.) Kunth	安全种		
	576. 远东羊茅	*Festuca subulata* ssp. *japonica* (Hack.) T. Koyama et Kowano	极危种		
	577. 假鼠妇草	*Glyceria leptolepis* Ohwi	濒危种	Z2	
	578. 羊草	*Leymus chinensis* (Trin.) Tzvel.	安全种		纤维、饲用
	579. 赖草	*Leymus secalinum* (Georgi) Tzvel.	安全种		纤维、饲用
	580. 臭草	*Melica scabrosa* Trin.	安全种		饲用
	581. 大臭草	*Melica turczaninoviana* Ohwi.	安全种		
	582. 粟草	*Milium effusum* L.	渐危种	Z3	
	583. 荻	*Miscanthus sacchariflorus* (Maxim.) Hack.	敏感种	Z3	药用、纤维
	584. 日本乱子草	*Muhlenbergia japonica* Steud.	敏感种	Z3	
	585. 白草	*Pennisetum flaccidum* Griseb.	安全种		饲用、水保
	586. 草芦	*Phalaris arundinacea* L.	安全种		
	587. 芦苇	*Phragmites australis* (Cav.) Trin. ex Steud.	安全种		纤维
	588. 蒙古早熟禾	*Poa mongolica* (Rendle) Keng	安全种		
	589. 多叶早熟禾	*Poa plurifolia* Keng	安全种		饲用
	590. 草地早熟禾	*Poa pratensis* L.	安全种		饲用
	591. 藺状早熟禾	*Poa schoenites* Keng	安全种		
	592. 硬质早熟禾	*Poa sphondylodes* Trin.	安全种		饲用
	593. 毛盘鹅观草	*Roegneria barbicalla* Ohwi	安全种		
	594. 毛节毛盘草	*Roegneria barbicalla* var. *pubinodis* Keng	安全种		
	595. 河北鹅观草	*Roegneria hondai* Kitag.	安全种		
	596. 直穗鹅观草	*Roegneria turczaninovi* (Drob.) Nevski	安全种		
	597. 白花山鹅观草	*Roegneria turczaninovii* var. *pohuashanensis* Keng	安全种		
	598. 金狗尾草	*Setaria glauca* (L.) Beauv.	安全种		
	599. 狗尾草	*Setaria viridis* (L.) Beauv.	安全种		纤维、饲用
	600. 大油芒	*Spodiopogon sibiricus* Trin.	安全种		纤维、芳香、饲用
	601. 黄背草	*Themeda japonica* (Willd.) C. Tanaka	安全种		纤维、水保、饲用

（续）

科名	种名	拉丁名	濒危程度	保护级别	经济用途
94 禾本科 Gramineae	602. 草沙蚕	*Tripogon chinensis* (Franch.) Hack.	安全种		水保
95 莎草科 Cyperaceae	603. 麻根苔草	*Carex arnellii* Christ ex Scheutz	敏感种	Z3	
	604. 华北苔草	*Carex hancockiana* Maxim.	敏感种	Z3	
	605. 异鳞苔草	*Carex heterolepis* Bge.	安全种		
	606. 披针苔草	*Carex lanceolata* Boott.	安全种		纤维、饲用
	607. 尖嘴苔草	*Carex leiorrhyncha* C. A. Mey.	安全种		
	608. 翼果苔草	*Carex neurocarpa* Maxim.	安全种		
	609. 白头山苔草	*Carex peiktusani* Kom.	安全种	Z3	
	610. 细叶苔草	*Carex rigescens* (Franch.) V. Krecz.	安全种		水保
	611. 宽叶苔草	*Carex siderosticta* Hance.	安全种		饲用
	612. 早春苔草	*Carex subpediformis* (Kük.) Suto et Suzuki	安全种		
	613. 旋鳞莎草	*Cyperus michelianus* (L.) Link	安全种		
	614. 中间型针蔺	*Eleocharis intersita* Zinserl.	安全种		
	615. 针蔺	*Eleocharis valleculosa* Ohwi f. *setosa* (Ohwi) Kitag.	安全种		
	616. 球穗扁莎	*Pycreus globosus* (All.) Reichb.	安全种		
	617. 红鳞扁莎	*Pycreus sanguiolentus* (Vahl) Nees	安全种		
	618. 矮藨草	*Scirpus pumilus* Vahl	安全种		
	619. 东方藨草	*Scirpus sylvaticus* L. var. *maximowiczii* Regel	安全种		
	620. 水葱	*Scirpus tabernaemontani* Gmel.	安全种		
96 天南星科 Araceae	621. 东北南星	*Arisaema amurense* Maxim.	敏感种	Z3	药用
	622. 一把伞南星	*Arisaema erubescens* (Wall.) Schott	敏感种		药用
	623. 半夏	*Pinellia ternata* (Thunb.) Breit.	敏感种	Z3	药用
97 鸭跖草科 Commelinaceae	624. 鸭跖草	*Commelina communis* L.	安全种		药用
	625. 竹叶子	*Streptolirion volubile* Edgew.	安全种		
98 灯芯草科 Juncaceae	626. 小灯芯草	*Juncus bufonius* L.	安全种		
	627. 细灯芯草	*Juncus gracillimus* (Buch) V. Krecz. et Gontsch.	安全种		
99 百合科 Liliaceae	628. 长柱韭	*Allium longistylum* Baker	安全种		
	629. 长梗葱	*Allium neiniflorum* (Herb.) Baker.	敏感种	Z3	
	630. 碱韭	*Allium polyrhizum* Turcz. Ex Regel.	敏感种		
	631. 野韭	*Allium ramosum* L.	敏感种	Z3	
	632. 球序韭	*Allium thunbergii* G. Don.	敏感种		
	633. 韭菜	*Allium tuberosum* Rottl. Ex Spreng.	未评估种		
	634. 茖葱	*Allium victorialis* L.	渐危种	B2、Z3	野菜、药用
	635. 对叶韭	*Allium victorialis* var. *listera* J. M. Xu	敏感种		
	636. 南玉带	*Asparagus cligcclonos* Maxim.	敏感种		

（续）

科名	种名	拉丁名	濒危程度	保护级别	经济用途
99 百合科 Liliaceae	637. 兴安天门冬	*Asparagus dauricus* Fisch. ex Link	安全种		
	638. 龙须菜	*Asparagus schoberioides* Kunth	敏感种		药用
	639. 曲枝天门冬	*Asparagus trichophyllus* Bge.	安全种		药用
	640. 铃兰	*Convallaria majalis* L.	渐危种	Z2	观赏、药用
	641. 北萱草	*Hemerocallis esculenta* Koidz.	极危种	Z1	野菜、药用、观赏
	642. 小黄花菜	*Hemerocallis minor* Mill.	渐危种	Z1	药用、野菜
	643. 有斑百合	*Lilium concolor* Salisb. var. *pulchellum* (Fisch.) Regel	未评估种	B2	观赏
	644. 卷丹	*Lilium lancifolium* Thunb.	安全种		观赏、药用
	645. 山丹	*Lilium pumilum* DC.	敏感种	B2	观赏
	646. 舞鹤草	*Maianthemum bifolium* (L.) F. W. Schmidt	安全种		药用
	647. 北重楼	*Paris verticillata* M. Bieb.	渐危种	Z2	药用
	648. 小玉竹	*Polygonatum humile* Fisch. ex Maxim.	敏感种	Z3	药用
	649. 热河黄精	*Polygonatum macropodium* Turcz.	敏感种		药用
	650. 玉竹	*Polygonatum odoratum* (Mill.) Druce	敏感种	Z3	药用、淀粉
	651. 黄精	*Polygonatum sibiricum* Delar. ex Redoute	敏感种	B2、Z2	药用、淀粉
	652. 狭叶黄精	*Polygonatum stenophyllum* Maxim.	敏感种	Z3	药用
	653. 鹿药	*Smilacina japonica* A. Gray	渐危种	Z2	药用
	654. 黄花油点草	*Tricytis maculata* (D. Don.) Machride	渐危种	Z3	
	655. 藜芦	*Veratrum nigrum* L.	安全种		药用
100 薯蓣科 Dioscoreaceae	656. 穿山龙	*Dioscorea nipponica* Makino	渐危种	Z2	药用、淀粉
101 鸢尾科 Iridaceae	657. 野鸢尾	*Iris dichotoma* Pall.	安全种		观赏
	658. 马蔺*	*Iris lactea* Pall. var. *chinensis* (Fisch.) Koidz.	安全种		纤维、药用
	659. 矮紫苞鸢尾	*Iris ruthenica* Ker－Gawl. var. *nana* Maxim.	敏感种		观赏
102 兰科 Orchidaceae	660. 大花杓兰	*Cypripedium macranthum* Sw.	濒危种	B1、Z1	观赏
	661. 角盘兰	*Herminium monorchis* R. Br.	濒危种	B2、Z1	观赏
	662. 羊耳蒜	*Liparis japonica* (Miq.) Maxim.	濒危种	B2、Z1	观赏
	663. 尖唇鸟巢兰	*Neottia acuminata* Schltr.	濒危种	B2、Z1	观赏
	664. 二叶兜被兰	*Neottianthe cucullata* (L.) Schltr.	濒危种	B2、Z1	观赏
	665. 二叶舌唇兰	*Platanthera chlorantha* Cust. ex Reichb	濒危种	B2、Z1	观赏
	666. 绶草	*Spiranthes sinensis* (Pers.) Ames.	濒危种	B2、Z1	观赏、药用

说明1：保护级别中，G表示国家重点保护级别，如G2，表示该种为国家Ⅱ级重点保护植物；B表示北京市保护级别，如B1，表示该种为北京市一级重点保护植物；Z表示自然保护区优先关注级别，如Z3，表示该种为本保护区内三级优先关注植物。

说明2：种名一栏中，＊表示该种部分或者全部为栽培种。

附录2 北京喇叭沟门自然保护区野生脊椎动物名录

目（科）名	种名	濒危程度	保护级别
一、鱼类			
1 鲤形目 CYREINIFORMES			
1）鲤科 Cyprinidae	（1）宽鳍鱲 *Zacco platypus*		
	（2）洛氏鱥 *Phoxinus lagowskii*		
	（3）东北雅罗鱼 *Leuciscus waleckii*		
	（4）草鱼 *Ctenopharyngodon idellus*		
	（5）麦穗鱼 *Pseudorasbora pparva*		
	（6）鲫 *Carassius auratus*		
2）鳅科 Cobitidae	（7）北方条鳅 *Noemacheilus nudus*		
	（8）北方花鳅 *Cobitis granoci*		
	（9）泥鳅 *Misgurnus anguillicaudatus*		
二、两栖爬行类			
1 无尾目 SALIENTIA			
1）蟾蜍科 Bufonidae	（1）大蟾蜍 *Bufo gargarizans*		
2）蛙科 Ranidae	（2）中国林蛙 *Rana chensinensis*		B2
	（3）黑斑蛙 *Rana nigromaculate*		B2
2 蜥蜴目 LACERTILIA			
3）壁虎科 Gekokonidae	（4）无蹼壁虎 *Gekko swinhonis*		
4）蜥蜴科 Lacertidae	（5）丽斑麻蜥 *Eremias argus*		
	（6）山地麻蜥 *Eremias brenchleyi*		
5）石龙子科 Scincidae	（7）蓝尾石龙子 *Eumeces elegans*		
3 蛇目 SERPENTES			
6）游蛇科 Colubriae	（8）赤链蛇 *Dinodon rufozonatum*		B2
	（9）王锦蛇 *Elaphe carinata*		B1
	（10）白条锦蛇 *Elaphe dione*		B2
	（11）棕黑锦蛇 *Elaphe schrenckii*	VU	
	（12）黑眉锦蛇 *Elaphe taeniura*	VU	B2
	（13）虎斑游蛇 *Rhabdophis tigrina*		B2
	（14）黄脊游蛇 *Coluber spinalis*		B2
	（15）乌梢蛇 *Zaocys dhumnades*	VU	B2
7）蝰科 Viperidae	（16）蝮蛇 *Agkistrodon halys*	VU	B2
三、鸟类			
1 䴙䴘目 PODICIPEDIFORMES			
1）䴙䴘科 Podicipedidae	（1）凤头䴙䴘 *Podiceps cristatus*		B1

（续）

目（科）名	种名	濒危程度	保护级别
2 鹈形目 PELECANIFORMES			
2）鸬鹚科 Phalacrocoracidae	（2）普通鸬鹚 *Phalacrocorax carbo*		B2
3 鹳形目 CICONIFORMES			
3）鹭科 Ardeidae	（3）绿鹭 *Butorides striatus*		B2
4）鹳科 Ciconiidae	（4）黑鹳 *Ciconia nigra*		G1
4 雁形目 ANSERIFORMES			
5）鸭科 Anatidae	（5）鸳鸯 *Aix galericulata*	NT	G2
	（6）绿翅鸭 *Anas crecca*		B2
	（7）绿头鸭 *Anas platyrhynchos*		B2
	（8）斑嘴鸭 *Anas poecilorhyncha*		B2
	（9）普通秋沙鸭 *Mergus merganser*		B2
5 隼形目 FALCONIFORMES			
6）鹰科 Accipitridae	（10）苍鹰 *Accipiter gentilis*		G2
	（11）雀鹰 *Accipiter nisus*		G2
	（12）日本松雀鹰 *Aviceda virgatus*		G2
	（13）普通 *Buteo buteo*		G2
	（14）大 *Buteo hemilasius*		G2
	（15）白肩雕 *Aquila heliaca*	VU	G1
	（16）秃鹫 *Aegypius monachus*	NT	G2
7）隼科 Falconidae	（17）红隼 *Falco tinnunculus*		G2
	（18）燕隼 *Falco subbuteo*		G2
	（19）游隼 *Falco peregrinus*		G2
	（20）红脚隼 *Falco vespertinus*		G2
	（21）灰背隼 *Falco columbarius*		G2
6 鸡形目 GALLIFORMES			
8）松鸡科 Tetraonidae	（22）花尾榛鸡 *Tetrastes bonasia*		G2
9）雉科 Phasianidae	（23）石鸡 *Alectoris chukar*		B2
	（24）勺鸡 *Pucrasia macrolopha*	NT	G2
	（25）环颈雉 *Phasianus colchicus*		B2
7 鹤形目 GRUIFORMES			
10）鹤科 Gruidae	（26）灰鹤 *Grus grus*		G2
8 鸻形目 CHARADRIIFORMES			
11）鹬科 Scolopacides	（27）矶鹬 *Actitis hypoleucos*		
9 鸽形目 COLUMBIFORMES			

（续）

目（科）名	种名	濒危程度	保护级别
12）鸠鸽科 Columbidae	（28）岩鸽 *Columba rupestris*		B2
	（29）山斑鸠 *Streptopelia orientalis*		
	（30）珠颈斑鸠 *Streptopelia chinensis*		
	（31）灰斑鸠 *Streptopelia decaocto*		
10 鹃形目 CUCULIFORMES			
13）杜鹃科 Cuculidae	（32）四声杜鹃 *Cuculus micropterus*		B2
	（33）大杜鹃 *Cuculus canorus*		B2
11 鸮形目 STRIGIFORMES			
14）鸱鸮科 Strigidae	（34）雕鸮 *Bubo bubo*		G2
	（35）长耳鸮 *Asio otus*		G2
	（36）纵纹腹小鸮 *Athene noctua*		G2
12 佛法僧目 CORACIIFORMES			
15）翠鸟科 Alcedinidae	（37）冠鱼狗 *Megaceryle lugubris*		
	（38）蓝翡翠 *Halcyon pileata*		B1
	（39）普通翠鸟 *Alcedo atthis*		
16）戴胜科 Upupidae	（40）戴胜 *Upupa epops*		B2
13 䴕形目 PICIFORMES			
17）啄木鸟科 Picidae	（41）灰头绿啄木鸟 *Picus canus*		B1
	（42）大斑啄木鸟 *Picoides major*		B1
14 雀形目 PASSERIFORMES			
18）百灵科 Alaudidae	（43）蒙古百灵 *Melanocorypha mongolica*		B2
	（44）云雀 *Alauda arvensis*		B2
	（45）凤头百灵 *Galerida cristata*		B2
19）燕科 Hirundinidae	（46）家燕 *Hirundo rustica*		B2
20）鹡鸰科 Motacillidae	（47）灰鹡鸰 *Motacilla cinerea*		
	（48）白鹡鸰 *Motacilla alba*		
	（49）黄鹡鸰 *Motacilla flava*		
	（50）田鹨 *Anthus rufulus*		
	（51）树鹨 *Anthus hodgsoni*		
21）山椒鸟科 Campephagidae	（52）长尾山椒鸟 *Pericrocotus ethologus*		B2
22）伯劳科 Laniidae	（53）牛头伯劳 *Lanius bucephalus*		B2
	（54）灰伯劳 *Lanius excubitor*		B2
23）黄鹂科 Oriolidae	（55）黑枕黄鹂 *Oriolus chinensis*		B2
24）卷尾科 Dicruridae	（56）黑卷尾 *Dicrurus macrocercus*		B1
25）椋鸟科 Sturnidae	（57）北椋鸟 *Sturnus cineraceus*		

（续）

目（科）名	种名	濒危程度	保护级别
26）鸦科 Corvidae	（58）松鸦 *Garrulus glandarius*		
	（59）红嘴蓝鹊 *Urocissa erythrorhyncha*		B1
	（60）灰喜鹊 *Cyanopica cyana*		B1
	（61）喜鹊 *Pica pica*		
	（62）大嘴乌鸦 *Corvus macrorhynchos*		
	（63）小嘴乌鸦 *Corvus corone*		
27）鸫科 Turdidae	（64）红点颏 *Luscinia calliope*		B2
	（65）蓝点颏 *Luscinia svecica*		B2
	（66）红胁蓝尾鸲 *Tarsiger cyanurus*		
	（67）北红尾鸲 *Phoenicurus auroreus*		
	（68）蓝矶鸫 *Monticola solitarius*		
	（69）白腹鸫 *Turdus pallidus*		
	（70）赤颈鸫 *Turdus ruficollis*		
	（71）斑鸫 *Turdus naumanni*		B2
	（72）宝兴歌鸫 *Turdus mupinensis*		B2
	（73）灰背鸫 *Turdus hortulorum*		
28）画眉科 Timaliidae	（74）山噪鹛 *Garrulax davidi*		B2
29）鸦雀科 Paradoxornithidae	（75）棕头鸦雀 *Paradoxornis webbianus*		B2
30）扇尾莺科 Cisticolidae	（76）山鹛 *Rhopophilus pekinensis*		B2
	（77）东方大苇莺 *Acrocephalus orientalis*		B2
31）莺科 Sylviidae	（78）褐柳莺 *Phylloscopus fuscatus*		B2
	（79）棕眉柳莺 *Phylloscopus armandii*		B2
	（80）黄眉柳莺 *Phylloscopus inornatus*		B2
	（81）黄腰柳莺 *Phylloscopus proregulus*		B2
	（82）极北柳莺 *Phylloscopus borealis*		B2
	（83）暗绿柳莺 *Phylloscopus trochiloides*		B2
	（84）冠纹柳莺 *Phylloscopus reguloides*		B2
32）鹟科 Muscicapidae	（85）白眉姬鹟 *Ficedula zanthopygia*		B2
33）王鹟科 Monarchinae	（86）寿带 *Terpsiphone paradisi*		B1
34）山雀科 Paridae	（87）大山雀 *Parus major*		B2
	（88）煤山雀 *Parus ater*		B2
	（89）沼泽山雀 *Parus palustris*		B2
	（90）褐头山雀 *Parus montanus*		B2
35）长尾山雀科 Aegithalidae	（91）银喉长尾山雀 *Aegithalos caudatus*		B2
36）䴓科 Sittidae	（92）普通䴓 *Sitta europaea*		B2
	（93）黑头䴓 *Sitta villosa*		B2

（续）

目（科）名	种名	濒危程度	保护级别
37）雀科 Passeridae	（94）［树］麻雀 *Passer domesticus*	NT	
38）燕雀科 Fringillidae	（95）燕雀 *Fringilla montifringilla*		B2
	（96）金翅雀 *Carduelis sinica*		
	（97）白腰朱顶雀 *Carduelis flammea*		B2
	（98）普通朱雀 *Carpodacus erythrinus*		
	（99）北朱雀 *Carpodacus roseus*		B2
39）鹀科 Emberizidae	（100）黄眉鹀 *Emberiza chrysophrys*		
	（101）白眉鹀 *Emberiza tristrami*		
	（102）灰眉岩鹀 *Emberiza cia*		
	（103）三道眉草鹀 *Emberiza cioides*		B2
	（104）黄喉鹀 *Emberiza elegans*		B2
	（105）小鹀 *Emberiza pusilla*		
	（106）田鹀 *Emberiza rustica*		
兽类			
1 食虫目 INSECTIVORA			
1）猬科 Erinaceidae	（1）刺猬 *Erinaceus europaeus*		
2）鼹科 Talpidae	（2）麝鼹 *Scaptochirus moschatus*	NT	
3）鼩鼱科 Soricidae	（3）北小麝鼩 *Crocidura gmelini*	VU	B2
2 翼手目 CHIROPTERA			
4）蝙蝠科 Vespertilionidae	（4）东方蝙蝠 *Vespertilio sinensis*		B2
	（5）山蝠 *Nycatalus noctula*		B2
	（6）须鼠耳蝠 *Myotis mystacinus*	NT	
	（7）普通伏翼 *Pipistrellus abramus*		B2
3 兔形目 LAGOMORPHA			
5）兔科 Leporidae	（8）托氏兔 *Lepus tolai*		B2
4 啮齿目 RODENTIA			
6）松鼠科 Sciuridae	（9）岩松鼠 *Sciurotamia davidianus*		
	（10）花鼠 *Eutamias sibiricus*		
7）鼠科 Muridae	（11）褐家鼠 *Rattus norvegicus*		
	（12）社鼠 *Rattus confucianus*		
	（13）小家鼠 *Mus musculus*		
	（14）大林姬鼠 *Apodemus peninsulas*		
	（15）中华姬鼠 *Apodemus draco*		
	（16）黑线姬鼠 *Apodemus agrarius*		

（续）

目（科）名	种名	濒危程度	保护级别
8）仓鼠科 Cricetidae	（17）大仓鼠 *Cricetulus triton*		
	（18）中华鼢鼠 *Myospalax fontanieri*		
	（19）棕背䶄 *Myodes rufocanus*		
5 食肉目 CARNIVORA			
9）犬科 Canidae	（20）赤狐 *Vulpes vulpes*	NT	B1
	（21）貉 *Nyctereutes procyonoides*	VU	B1
10）鼬科 Mustelidae	（22）黄鼬 *Mustela sibirica*	NT	B2
	（23）艾鼬 *Mustela eversmannii*	NT	B2
	（24）青鼬 *Martes flavigula*	NT	G2
	（25）猪獾 *Arctonyx collaris*	VU	B2
11）猫科 Felidae	（26）豹猫 *Felis bengalensis*	VU	B1
12）灵猫科 Viverridae	（27）果子狸 *Paguma larvata*	NT	B1
6 偶蹄目 ARTIODACTYLA			
13）猪科 Suidae	（28）野猪 *Sus scrofa*		B2
14）鹿科 Cervidae	（29）狍 *Capreolus capreolus*	VU	B2
15）牛科 Bovidae	（30）斑羚 *Naemorhedus goral*	EN	G2

说明：濒危程度指《中国物种红色名录》中的濒危等级；保护级别中，G 表示国家重点保护级别，如 G2 代表国家Ⅱ级重点保护动物；B 表示北京市重点保护级别，如 B1 代表北京市一级重点保护野生动物。

附录3 北京喇叭沟门自然保护区昆虫名录

目	科	种名
1. 直翅目 ORTHOPTERA	1. 螽斯科 Tettigoniidae	（1）东方螽斯 *Tettigonuia orientalis*
		（2）日本螽斯 *Holoshlora japonica*
		（3）优雅蝈螽 *Gampsocleis gratiosa*
		（4）纺织娘 *Mecopoda elongata*
	2. 蝗科 Acridiidae	（5）中华雏蝗 *Chorthippus chinensis*
		（6）长翅黑背蝗 *Euprepocnemis shirakii*
		（7）东亚飞蝗 *Locusta migratoria*
		（8）短角翅蝗 *Calliptamus abbreviatus*
		（9）中华蚱蜢 *Acrida chinensis*
		（10）红褐斑腿蝗 *Ctaantops pinguis*
	3. 蟋蟀科 Gryllidae	（11）黑油葫芦 *Gryllus mitratus*
		（12）树蟋蟀 *Oecanthus longicauda*
		（13）蟋蟀 *Gryllulus chinensis*
		（14）油葫芦 *Gryllulus testaceus*
	4. 蝼蛄科 Gryllotalpidae	（15）单刺蝼蛄 *Gryllotalpidae unispina*
		（16）东方蝼蛄 *Gryllotalpidae orientalis*
2. 双翅目 DIPTERA	5. 虻科 Tabanidae	（17）牛虻 *Tabanus amaenus*
	6. 食虫虻科 Asilidae	（18）大食虫虻 *Promachus yesonicus*
	7. 花蝇科 Anthomyiidae	（19）灰地种蝇 *Delia platura*
		（20）横带花蝇 *Anthomyia illocata*
		（21）圆斑莠蝇 *Eustalomyia hilaris*
		（22）灰种蝇 *Hylemyia cana*
	8. 蝇科 Muscidae	（23）元厕蝇 *Fannia prisca*
		（24）斑裸池蝇 *Gymnodia spilogaster*
		（25）舍蝇 *Musta domestica*
		（26）饭蝇 *Musca domestica vicina*
	9. 麻蝇科 Sarcophagidae	（27）尾黑麻蝇 *Bellieria melanura*
		（28）拟转辛麻蝇 *Seniorwhitea orientaloides*
		（29）巨亚麻蝇 *Aldrichina grabami*
	10. 实蝇科 Trypetidae	（30）苹果实蝇 *Tetradaus citri*
	11. 丽蝇科 Calliphoridae	（31）铜绿蝇 *Lucilia cuprina*
		（32）大头金蝇 *Chrysomyia phaonis*
		（33）巨尾阿丽蝇 *Aldrichina grabami*
	12. 潜蝇科 Agromyzidae	（34）潜叶蝇 *Phytogramyza horticola*
	13. 寄蝇科 Larvaevoridae	（35）黄毛脉寄蝇 *Ceromyia silacea*
		（36）灰色等腿寄蝇 *Isomera cinerasens*

（续）

目	科	种名
2. 双翅目 DIPTERA	14. 食蚜蝇科 Syrphidae	（37）黑带食蚜蝇 *Episyrphus balteatus*
		（38）斜斑鼓额蚜蝇 *Scaeva pyrastri*
		（39）月斑鼓额蚜蝇 *Scaeva selenitica*
		（40）羽芒宽盾食蚜蝇 *Phytomia zonata*
3. 蜻蜓目 ODANATA	15. 蜻科 Libelluidae	（41）黄蜻 *Pantala flavescens*
		（42）红蜻 *Crothemis servilia*
		（43）小黄赤蜻 *Sympetrum kunckeli*
		（44）竖眉赤蜻 *Sympetrum eroticum*
		（45）半黄赤蜻 *Sympetrum croceolum*
		（46）褐带赤蜻 *Sympetrum pedemontanum*
		（47）条斑赤蜻 *Sympetrum striolatum*
	16. 色蟌科 Calopterygidae	（48）透顶单脉色蟌 *Matrona basilaris*
	17. 蟌科 Coenagrionidae	（49）东亚异痣蟌 *Ischnura asiatica*
		（50）长叶异痣蟌 *Ischnura elegans*
		（51）捷尾蟌 *Paracercion v – nigrum*
	18. 扇蟌科 Platycnemididae	（52）白扇蟌 *Platycnemis foliacea*
	19. 蜓科 Aeshnidae	（53）混合蜓 *Aeshna mixta*
		（54）长痣绿蜓 *Aeschnophlebia longistigma*
		（55）黑纹伟蜓 *Anax nigrofasciatus*
		（56）长者头蜓 *Cephalaeschna patrorum*
	20. 春蜓科 Gomphidae	（57）马奇异春蜓 *Anisogomphus maacki*
		（58）棘角蛇纹春蜓 *Ophiogomphus spinicornis*
		（59）艾氏施春蜓 *Sieboldius albardae*
	21. 大蜓科 Cordulegasteridae	（60）北京大蜓 *Cordulegaster pekinensis*
4. 螳螂目 MANTEDEA	22. 螳螂科 Mantidae	（61）大刀螳螂 *Tenodera aridifolia*
		（62）两点广螳螂 *Hierodula patellifera*
5. 革翅目 DIPLOGLOSSATA	23. 蠼螋科 Labiduridae	（63）日本蠼螋 *Labidura japonica*
		（64）白角蠼螋 *Anisobobis marginalis*
6. 同翅目 HOMOPTERA	24. 蝉科 Cicadidae	（65）绿蝉 *Mogannia iwasakii*
		（66）寒蝉 *Meimuna mongolica*
		（67）褐斑蝉 *Platypleura kaempferi*
		（68）蚱蝉 *Cryptotympana atrata*
	25. 沫蝉科 Cercopidae	（69）松暗沫虫 *Sinophora maculosa*
	26. 叶蝉科 Cicadellidae	（70）大青叶蝉 *Tettigeniella viridis*
		（71）小绿叶蝉 *Empoasca flavescens*
	27. 蜡蝉科 Fnlgoridae	（72）斑衣蜡蝉 *Lycorma delicatala*

（续）

目	科	种名
6. 同翅目 HOMOPTERA	28. 蚜科 Aphididae	（73）辽栎大蚜 *Lachnus siniquercus*
		（74）麦无网蚜 *Acyrthosphon dirhodm*
	29. 蚧总科 Coccoidae	（75）日本蜡蚧 *Cerophastes japonicus*
		（76）朝鲜球坚蚧 *Didesmococcus koreanus*
		（77）草履蚧 *Drosicha dorpulenta*
		（78）桑白盾蚧 *Pseudaulacaspis pentagona*
		（79）异并链蚧 *Asterodiaspis variabile*
	30. 木虱科 Chermidae	（80）桑木虱 *Anomoneura mori*
		（81）梨木虱 *Psylla pyrisuga*
7. 膜翅目 HYMENOPTERA	31. 叶蜂科 Tenthredinidae	（82）红腹叶蜂 *Nematus enidhsoni*
		（83）直角叶蜂 *Stauronematus compresscornis*
	32. 茎蜂科 Cephidae	（84）梨茎蜂 *Janus piri*
	33. 蚁科 Formicidae	（85）双针蚁 *Pristomyrmex pungens*
		（86）红林蚁 *Formica rufa*
	34. 泥蜂科 Sphcidae	（87）红腰泥蜂 *Ammophila aenulans*
	35. 树蜂科 Siricidae	（88）烟角树蜂 *Tremex fuscicornis*
		（89）黑顶树蜂 *Tremex apicalis*
	36. 小蜂科 Hatcicicae	（90）广大腿小蜂 *Brachymeria obscurata*
	37. 胡蜂科 Vespidae	（91）黄边胡蜂 *Vespa crabro*
		（92）北黄胡蜂 *Vespula rufa*
		（93）黑尾胡蜂 *Vespa ducalis*
		（94）黑盾胡蜂 *Vespa bicolor*
	38. 马蜂科 Polistidae	（95）约马蜂 *Polistes jokahayaa*
		（96）陆马蜂 *Polistes rothneyi*
		（97）斯马蜂 *Pcolia snelleni*
	39. 土蜂科 Scohiidae	（98）中华土蜂 *Scolia sinensis*
		（99）四点土蜂 *Scolia 4 – pustulata*
		（100）黄叶带土蜂 *Scolia vittifornis*
	40. 蜜蜂科 Apidae	（101）黄胸木蜂 *Xylocopa appendiculata*
		（102）中华蜜蜂 *Apis cerana*
		（103）意大利蜂 *Apis mellifera*
8. 半翅目 HEMIPTERA	41. 蝽科 Peutatomidae	（104）暗绿豆蝽 *Eusthenes saevus*
		（105）油绿蝽 *Glaucias dorsalis*
		（106）中华岱蝽 *Dolycoris cinctipes*
		（107）玉蝽 *Hoplistodera fergussoni*
		（108）赤条蝽 *Graphosoma rubrolineata*

（续）

目	科	种名
8. 半翅目 HEMIPTERA	41. 蝽科 Peutatomidae	（109）广二星蝽 *Stollia ventralis*
	42. 龟蝽科 Plataspidae	（110）镶边豆龟蝽 *Megacopta fimbriata*
	43. 土蝽科 Cydnidae	（111）大鳖土蝽 *Adrias magna*
	44. 缘蝽科 Coreidae	（112）黑长缘蝽 *Megalotomus junceus*
		（113）广腹同缘蝽 *Homoeocerus junceus*
	45. 猎蝽科 Redluviidae	（114）八节黑猎蝽 *Ectrychotes andreae*
		（115）黄足猎蝽 *Sirthenea flavipes*
		（116）黑脂猎蝽 *Velinus nodipes*
		（117）祃菱猎蝽 *Isyndus obscurus*
		（118）独环真猎蝽 *Harpactor altaicus*
		（119）暗素猎蝽 *Epidaus nebulo*
	46. 花蝽科 Anthocoridae	（120）黑顶黄芪蝽 *Amphiareus obscuriceps*
		（121）小花蝽 *Orius minutu*
9. 鳞翅目 LEPIDOPTERA	47. 凤蝶科 Papilionidae	（122）丝带凤蝶 *Sericinus montelus*
		（123）柑橘凤蝶 *Papilio xuthus*
		（124）金凤蝶 *Papilio machaon*
		（125）绿带翠凤蝶 *Papilio maackii*
	48. 蛱蝶科 Nymphalidae	（126）大红蛱蝶 *Vanessa indica*
		（127）小红蛱蝶 *Vanessa cardui*
		（128）朱蛱蝶 *Nymphalis xanthomelas*
		（129）琉璃蛱蝶 *Kaniska canace*
		（130）蜘蛱蝶 *Araschnia levana*
		（131）白钩蛱蝶 *Polygonia c – albumhemigera*
		（132）黄钩蛱蝶 *Polygonia c – aureum*
		（133）黑脉蛱蝶 *Hestina assimilis*
		（134）夜迷蛱蝶 *Mimathyma nycteis*
		（135）曲纹银豹蛱蝶 *Childrena zenobia*
		（136）老豹蛱蝶 *Argyronome laodice*
		（137）绿豹蛱蝶 *Argynnis paphia*
		（138）灿福蛱蝶 *Fabriciana adippe*
		（139）黄环蛱蝶 *Nepis themis*
		（140）单环蛱蝶 *Neptis rivularis*
		（141）链环蛱蝶 *Neptis pryeri*
		（142）小环蛱蝶 *Neptis sappho*
		（143）重环蛱蝶 *Neptis alvina*
		（144）横眉线蛱蝶 *Limenitis moltrechii*

（续）

目	科	种名
9. 鳞翅目 LEPIDOPTERA	48. 蛱蝶科 Nymphalidae	（145）折线蛱蝶 *Limenitis sydyi*
		（146）重眉线蛱蝶 *Limenitis amphyssa*
		（147）细带闪蛱蝶 *Apatura metis*
		（148）曲带闪蛱蝶 *Apatura laverna*
		（149）柳紫闪蛱蝶 *Apatura ilia*
	49. 粉蝶科 Pieridae	（150）斑缘豆粉碟 *Colias poliographus*
		（151）尖钩粉蝶 *Gonepteryx rhamni*
		（152）钩粉蝶 *Gonepteryx mahaguru*
		（153）菜粉蝶 *Pieris rapae*
		（154）云粉蝶 *Pontia daplidice*
		（155）突角小粉蝶 *Leptidea amurensis*
	50. 眼蝶科 Satyridae	（156）斗眼蝶 *Lasiommata deidamia*
		（157）爱珍眼蝶 *Coenonympha oedippus*
		（158）牧女珍眼蝶 *Coenonympha amaryllis*
		（159）华北白眼蝶 *Melanargia epimede*
		（160）漫丽白眼蝶 *Melanargia meridionalis*
		（161）蛇眼蝶 *Minois dryas*
	51. 弄蝶科 Hesperiidae	（162）黑弄蝶 *Daimia tethya*
		（163）黄弄蝶 *Potanthus confucius*
		（164）带弄蝶 *Lobocla bifasciata*
		（165）河伯锷弄蝶 *Aeromachus inachus*
		（166）花弄蝶 *Pyrgus maculates*
	52. 灰蝶科 Lycaenidae	（167）东北梳灰蝶 *Ahlbergia frivaldszkyi*
		（168）红灰蝶 *Lycaena phlaeas*
		（169）中华爱灰蝶 *Aricia mandschurica*
		（170）东方艳灰蝶 *Favonius orientalis*
		（171）蓝灰蝶 *Everes argiades*
		（172）红珠灰蝶 *Lycaeides argyrognomon*
	53. 天蚕蛾科 Saturniidae	（173）绿尾大蚕蛾 *Actias selene ningpoana*
		（174）樗蚕 *Philosamia cynthia*
	54. 波纹夜蛾科 Thyatiridae	（175）沤泊波纹蛾 *Bombycia ocularis*
	55. 刺蛾科 Eucleidae	（176）扁刺蛾 *Thosea sinensis*
		（177）黄刺蛾 *Cnidocampa flavescens*
		（178）褐边绿刺蛾 *Parasa consocia*
	56. 尺蛾科 Geometridae	（179）直脉直尺蛾 *Hipparchus valida*
		（180）华北双翅尺蛾 *Phthono tendinosaria*

（续）

目	科	种名
9. 鳞翅目 LEPIDOPTERA	56. 尺蛾科 Geometridae	（181）北京尺蠖 *Epipristis transiens*
		（182）山枝子尺蠖 *Aspilates geholaria*
		（183）杨尺蠖 *Apocheima cinerarius*
		（184）木橑尺蠖 *Culcula panterinaria*
		（185）长眉眼尺蛾 *Problepsis changmeiyang*
	57. 天蛾科 Sphingidae	（186）黄脉天蛾 *Amorpha amurensis*
		（187）豆天蛾 *Clanis bilineata*
		（188）小豆长喙天蛾 *Macroglossum stellatarum*
	58. 枯叶蛾科 Lasiocampidae	（189）东北栎毛虫 *Paralebeda plagifera*
		（190）绿黄枯叶蛾 *Trabia vishnou*
	59. 夜蛾科 Noctuidae	（191）高山翠夜蛾 *Daseo charta*
		（192）杨逸色夜蛾 *Ipimorpha subtusa*
		（193）客来夜蛾 *Chrysorithrum amata*
	60. 螟蛾科 Pyralioidae	（194）豆野螟 *Etiella zinckenella*
		（195）菜螟 *Oebia undalis*
	61. 毒蛾科 Lymantriidae	（196）栎毒蛾 *Lymantria mathura*
		（197）盗毒蛾 *Porthesia simihs*
	62. 木蠹蛾科 Cossidae	（198）柳木蠹蛾 *Holcocerus vicarius*
		（199）芳香木蠹蛾 *Cossus cossus*
	63. 透翅蛾科 Aegeriidae	（200）白杨透翅蛾 *Paranthrene tabaniformis*
	64. 小卷蛾科 Olethreutidae	（201）栗实卷叶蛾 *Laspeyresia splendana*
	65. 蚕蛾科 Bombycidae	（202）桑野蚕 *Theophila mandarina*
	66. 舟蛾科 Notodontidae	（203）栎粉舟蛾 *Fentonia ocypete*
		（204）栎枝背舟蛾 *Hybocampa umbrosa*
		（205）黄二星舟蛾 *Lampronadata cristata*
	67. 鹿蛾科 Amotidae	（206）蕾鹿蛾 *Amata germana*
		（207）桑鹿蛾 *Amata mandarinia*
	68. 灯蛾科 Arctiidae	（208）肖深黄灯蛾 *Rhyariodes amurensis*
		（209）白雪灯蛾 *Spilosoma niveus*
10. 广翅目 MEGALOPTERA	69. 鱼蛉科 Corydalidae	（210）鱼蛉 *Protohermes grandis*
		（211）东方巨齿蛉 *Acanthacorydalis orientali*
		（212）中华斑鱼蛉 *Neochaulioolés sinensis*
11. 鞘翅目 COLEOPTERA	70. 天牛科 Cerambycidae	（213）松墨天牛 *Monochamus atternatus*
		（214）麻斑墨天牛 *Monochamus alternatus*
		（215）双簇天牛 *Moechotypa diphysis*
		（216）薄翅锯天牛 *Megopis sinica*

（续）

目	科	种名
11. 鞘翅目 COLEOPTERA	70. 天牛科 Cerambycidae	（217）白条天牛 *Batocera horsfieldi*
		（218）光肩星天牛 *Anoplophora glabripennis*
		（219）星天牛 *Anoplophora chinensis*
		（220）显纹虎天牛 *Grammographus notabilis*
		（221）六斑绿虎天 *Chlorophorus sexmaculatus*
		（222）栎旋木柄天牛 *Aphrodisium sauteri*
		（223）桃红颈天牛 *Aromia bungii*
		（224）红缘天牛 *Asias halodendri*
		（225）栗山天牛 *Mallambyx raddei*
		（226）黄带蓝天牛 *Polyzonus fasciatus*
	71. 叶甲科 Chrysomelidae	（227）千斤拔叶甲 *Sagra moghanii*
		（228）榆黄叶甲 *Pyrrhalta maxulicollis*
		（229）棕角胸叶甲 *Boasilepta sinarum*
		（230）杨叶甲 *Chrysomela populi*
	72. 吉丁虫科 Buprestidae	（231）栎双点吉丁 *Agrilus biguttatus*
		（232）红缘绿吉丁虫 *Lampra bellula*
		（233）金缘吉丁虫 *Lampra cimbata*
	73. 金龟子科 Scardbaeidae	（234）小青花金龟 *Oxycetonia jucunda*
		（235）铜绿丽金龟 *Anomala corrulenta*
		（236）蒙古丽金龟 *Anomala mongalica*
		（237）小毛棕鳃金龟 *Brachmina rubeta*
		（238）蜣螂 *Copris sinicus*
		（239）白星花金龟 *Patosia brevitarsis*
		（240）黑绒鳃金龟 *Serica orientalis*
		（241）日本绒金龟 *Maladera japonica*
		（242）华北大黑鳃金 *Holotr ichia convexopyga*
		（243）赭翅臂花金龟 *Campsiura mirabilis*
		（244）中华弧丽金龟 *Popillis quadriguttala*
		（245）虎皮斑金龟 *Trichius fasciatus*
	74. 葬甲科 Silphidae	（246）大扁尸甲 *Silpha japonica*
		（247）大黑埋葬虫 *Nicrophorus concolor*
		（248）亚洲尸藏甲 *Necrodes asiaticus*
	75. 郭公虫科 Cleridae	（249）红胸拟蚁郭公虫 *Thansimus formicarius*
	76. 瓢虫科 Coccinellidae	（250）多异瓢虫 *Hippdamia variegata*
		（251）黑背毛瓢虫 *Scymnus babai*
		（252）异色瓢虫 *Leix aryridis*

（续）

目	科	种名
11. 鞘翅目 COLEOPTERA	76. 瓢虫科 Coccinellidae	（253）红点唇瓢虫 *Chilocorus rubidus*
		（254）龟纹瓢虫 *Propylaea japonica*
		（255）七星瓢虫 *Coccinella septempunctata*
		（256）奇变瓢虫 *Aiolocaria mirabilis*
	77. 花萤科 Cantharidae	（257）软腿花萤 *Chauliognathus pennsylvanicus*
	78. 步甲科 Carabidae	（258）麻步甲 *Carabus brandti*
		（259）绿步甲 *Carabus smaragdinus*
		（260）中华广肩步甲 *Calosoma maderae*
	79. 虎甲科 Cicindelidae	（261）中华虎甲 *Cicindella chinensis*
		（262）连珠虎甲 *Cicindella sumartrensis*
		（263）三色虎甲 *Cicindella tricolor*
	80. 叩头甲科 Elateridae	（264）褐纹金针甲 *Melantotus caudex*
		（265）细胸金针甲 *Agrotis fusicollis*
		（266）沟叩头甲 *Plenomus canaliculatus*
	81. 芫菁科 Meloidae	（267）中华芫菁 *Epicauta chinensis*
		（268）眼斑芫菁 *Mylabris cicharii*
	82. 象甲科 Curculionoidae	（269）黄星象甲 *Lepyrus japonicus*
		（270）枫杨卷叶象甲 *Paraplapoderum semiannuletus*
		（271）柞栎象 *Curculio dentipes*
		（272）大圆筒象 *Macrocorynus psttacin*
		（273）中华长毛象 *Enaptorrhinus sinensis*
	83. 锹甲科 Lucanidae	（274）斑股锹甲 *Lucanus maculifemoratus*
12. 脉翅目 NEUROPTERA	84. 草蛉科 Chrysopidae	（275）大草蛉 *Chrysopa septempunctata*
		（276）中华草蛉 *Chrysopa sinica*
		（277）丽草蛉 *Chrysopa formosa*
		（278）亚非草蛉 *Chrysopa boninensis*
	85. 蚁蛉科 Myrmeleontidae	（279）褐树蚁蛉 *Dendroleon patherinus*
		（280）追击大蚁蛉 *Heoclisis japonica*

注：★为国家Ⅱ级重点保护动物

附录4 北京喇叭沟门自然保护区大型真菌名录

目	科	种类	学名
1. 伞菌目 AGARICALES	1. 牛肝菌科 Boletaceae	(1) 褐环乳牛肝	*Suillus luteus*
		(2) 厚环乳牛肝	*Suillus grevillei*
		(3) 点柄乳牛肝	*Suillus granulatus*
		(4) 灰环乳牛杆菌	*Suillus aeruginascens*
		(5) 乳牛肝菌	*Suillus bovinus*
		(6) 绒盖牛肝菌	*Xerocomus subtomentosus*
		(7) 褐绒盖牛肝	*Xerocomus badius*
		(8) 红疣柄牛肝菌	*Leccinum chromapes*
	2. 铆钉菇科 Gomphideaceae	(9) 血红铆钉菇	*Gomphidius rutilus*
	3. 桩菇科 Hygrophoraceae	(10) 青黄蜡伞	*Hygrophorus hypothejus*
	4. 丝膜菌科 Cortinariaceae	(11) 大丝膜菌	*Cortinarius largus*
		(12) 黄丝盖菌	*Inocybe fastigiata*
		(13) 土味丝盖菌	*Inocybe geophylla*
		(14) 硬毛丝盖菌	*Inocybe huirsuta*
		(15) 裂丝盖菌	*Inocybe rimosa*
		(16) 条缘裸伞	*Gymnopilus liguiritiae*
	5. 口蘑科 Tricholomataceae	(17) 金顶侧耳	*Pleurotus citrinopileatus*
		(18) 漆蜡蘑	*Laccaria laccata*
		(19) 止血扇菇	*Panellus styptilus*
		(20) 亚侧耳	*Hohenbuehelia serotina*
		(21) 黄毛拟侧耳	*Phyllotopsis nidulans*
		(22) 野生革耳	*Panus rudis*
		(23) 栎金钱菌	*Collybia dryophila*
		(24) 棒柄杯伞	*Clitocybe clavipes*
		(25) 紫丁香菇	*Lepista nuda*
		(26) 皂味口蘑	*Tricholoma saponaceum*
		(27) 条纹口蘑	*Tricholoma virgatum*
		(28) 黄褐口蘑	*Tricholoma fulvum*
		(29) 棕灰口蘑	*Tricholoma terreum*
		(30) 褐黑口蘑	*Tricholoma ustale*
		(31) 蜜环菌	*Armillariella mellea*
		(32) 小奥德蘑	*Oudemansiella speg*
		(33) 干小皮伞	*Marasmius siccus*
		(34) 硬柄小皮伞	*Marasmius oreades*
		(35) 盔小蘑	*Mycena galericulata*

（续）

目	科	种类	学名
1. 伞菌目 AGARICALES	5. 口蘑科 Tricholomataceae	（36）红蜡蘑	*Laccaria laccata*
		（37）堆金钱菌	*Collybia acervata*
		（38）松口蘑	*Tricholoma matsutake*
		（39）小橙伞	*Cyptatrama aspratum*
	6. 鹅膏科 Amanitaceae	（40）豹斑鹅膏	*Amanita pantherina*
		（41）橙盖鹅膏	*Amanita caesarea*
		（42）鳞柄白鹅膏	*Amanita virosa*
		（43）灰鹅膏	*Amanita vaginata*
		（44）白毒伞	*Amanita verna*
		（45）块鳞青鹅膏菌	*Amanita excelsa*
		（46）矮小包脚菇	*Volvariella pusilla*
	7. 蘑菇科 Agaricaceae	（47）蘑菇	*Agaricus campestris*
	8. 鬼伞科 Coprinaceae	（48）毛头鬼伞	*Coprinus comatus*
		（49）墨汁鬼伞	*Coprinus atramantarius*
		（50）晶粒鬼伞	*Coprinus micaceus*
		（51）白绒鬼伞	*Coprinus lagopus*
		（52）白假鬼伞	*Pseudocoprimus disseminatus*
		（53）黄盖小脆柄菇	*Psathyrella candolleana*
		（54）毡毛小脆柄菇	*Psathyrella vdutina*
		（55）细皱鬼笔	*Phallus rugulosus*
	9. 黄伞菌科 Bolbitiaceae	（56）平田头菇	*Agrocybe pediades*
		（57）田头菇	*Agrocybe praecox*
	10. 球盖菇科 Strophariacea	（58）簇生沿丝菌	*Naematoloma fasciculate*
		（59）翘鳞伞	*Pholiata squarrosa*
		（60）绒圈鳞伞	*Pholiata johnsoniana*
		（61）多脂鳞伞	*Pholiata adiposa*
		（62）光帽鳞伞	*Pholiata nameko*
	11. 靴耳科 Crepidotaceae	（63）软靴耳	*Crepidotus mollis*
	12. 赤褶菇科 Rhodophyllaceae	（64）毒赤褶菇	*Rhodophyllus sinuatus*
	13. 红菇科 Russulaceae	（65）松乳菇	*Lactarius deliciosus*
		（66）辣乳菇	*Lactarius piperatus*
		（67）红汁乳菇	*Lactarius hatsudaka*
		（68）绒白乳菇	*Lactarius vellereus*
		（69）毛头乳菇	*Lactarius torminosus*
		（70）轮纹乳菇	*Lactarius zonarius*
		（71）美味红菇	*Russula delica*

（续）

目	科	种类	学名
1. 伞菌目 AGARICALES	13. 红菇科 Russulaceae	（72）密褶黑菇	*Russula densifolia*
		（73）臭黄菇	*Russula foetens*
		（74）绒紫红菇	*Russula mariae*
		（75）黑紫红菇	*Russula atropurpurea*
		（76）全缘红菇	*Russula integra*
		（77）革质红菇	*Russula alutacea*
	14. 光柄菇科 Pluteaceae	（78）帽盖光柄菇	*Pluteus petasatus*
2. 非褶菌目 APHYLLOPHORALES	15. 伏革菌科 Corticiaceae	（79）肉色胶韧革菌	*Gloeostereum incarnatum*
	16. 韧革菌科 Stereaceae	（80）毛韧革菌	*Stereum hirsutum*
		（81）烟色韧革菌	*Stereum gausapatum*
	17. 裂褶菌科 Schizophyllaceae	（82）裂褶菌	*Schizophyllum commune*
	18. 猴头菌科 Hericiaceae	（83）猴头菌	*Hericium erinaceus*
		（84）分枝猴头菌	*Hericium ramosum*
	19. 刺革菌科 Hymenochaetaceae	（85）贝形革菌	*Hymenochaete badio - ferruginea*
		（86）松杉暗孔菌	*Phaeolus schweinitzii*
		（87）粗毛纤孔菌	*Inonotus hispidus*
		（88）薄皮纤孔菌	*Inonotus cuticularis*
		（89）松木层孔菌	*Phellinus pini*
		（90）裂蹄木层孔菌	*Phellinus linteus*
		（91）火木层孔菌	*Phellinus igniarins*
		（92）哈尔蒂木层孔菌	*Phellinus hartigii*
		（93）苹果木层孔菌	*Phellinus pomaceus*
		（94）簇毛木层孔菌	*Phellinus torulosus*
	20. 多孔菌科 Polyporaceae	（95）彩绒革盖菌	*Coriolus versicolor*
		（96）毛革盖菌	*Coriolus hisutus*
		（97）二型革盖菌	*Coriolus biformis*
		（98）贝壳革盖菌	*Coriolus conohifer*
		（99）冷杉囊孔菌	*Hirschioporus abietinus*
		（100）漏斗棱孔菌	*Favolus arcularius*
		（101）棱孔菌	*Favolus alveolaris*
		（102）桦褶孔菌	*Lenzites betulina*
		（103）三色裥菌	*Lenzites tricolor*
		（104）木蹄层孔菌	*Fomes fomentarius*
		（105）松生拟层孔菌	*Fomitopsis pinicola*
		（106）杨锐孔菌属	*Oxyporus populinus*
		（107）青顶拟多孔菌	*Polyporellus picipes*

（续）

目	科	种类	学名
2. 非褶菌目 APHYLLOPHORALES	20. 多孔菌科 Polyporaceae	（108）鳞拟多孔菌	*Polyporellus squamosus*
		（109）猪苓	*Grifola umbellate*
		（110）毛盖干酪菌	*Tyromyces pubescens*
		（111）白栓菌	*Tranetes albida*
		（112）肉色栓菌	*Tranetes dickinsij*
		（113）粗毛盖菌	*Funalia gorllica*
		（114）硫色孔菌	*Luetiporus sulphursus*
		（115）隐孔菌	*Cryptoporus volvatus*
		（116）树脂薄皮孔菌	*Ischnoclerma resinosum*
	21. 珊瑚菌科 Clavariaceae	（117）黄枝珊瑚菌	*Ramaria flava*
3. 木耳目 AUICULARIALES	22. 木耳科 Auriculariaceae	（118）黑木耳	*Auricularia auricula*
		（119）毛木耳	*Auricularia polytrcha*
4. 银耳目 TREMELLALES	23. 银耳科 Tremellaceae	（120）茶银耳	*Tremella folicea*
5. 鬼笔目 PHALLALES	24. 鬼笔科 Phallaceae	（121）短裙竹荪	*Dictyophora duplicata*
		（122）蛇头菌	*Mutinus canius*
6. 马勃目 LYCOPERDALES	25. 马勃科 Lycoperdaceae	（123）梨形马勃	*Lycoperdon pyriforme*
		（124）网纹马勃	*Lycoperdon perlatum*
		（125）大秃马勃	*Calvatia giganta*
	26. 地星科 Geastraceae	（126）尖顶地星	*Geastrum triplex*
7. 鸟巢菌目 NIDULARIALES	27. 鸟巢菌科 Nidulariaceae	（127）隆纹黑蛋巢	*Cyathus striatus*

附图1　北京喇叭沟门自然保护区地理位置图

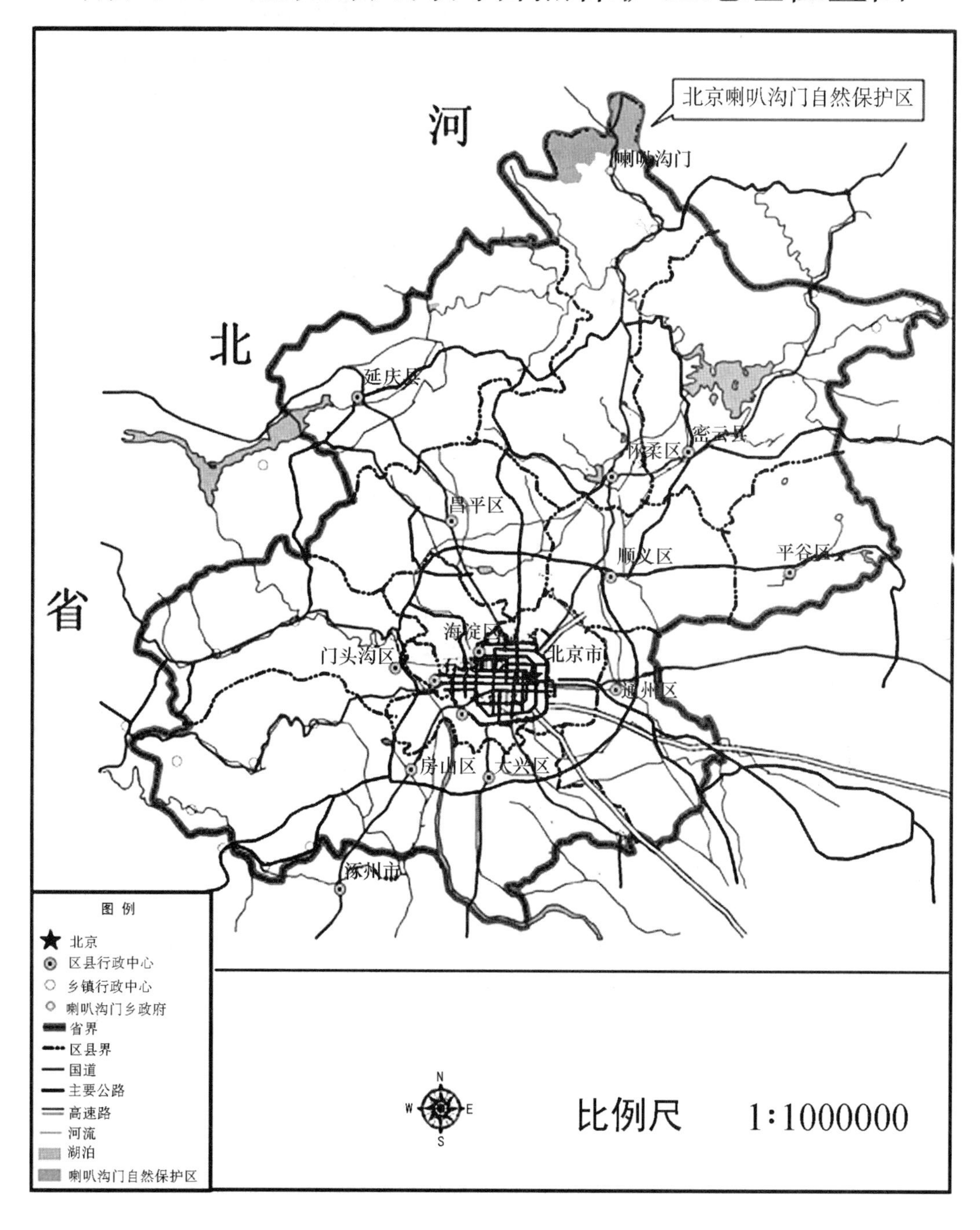

附图2 北京喇叭沟门自然保护区植被分布图

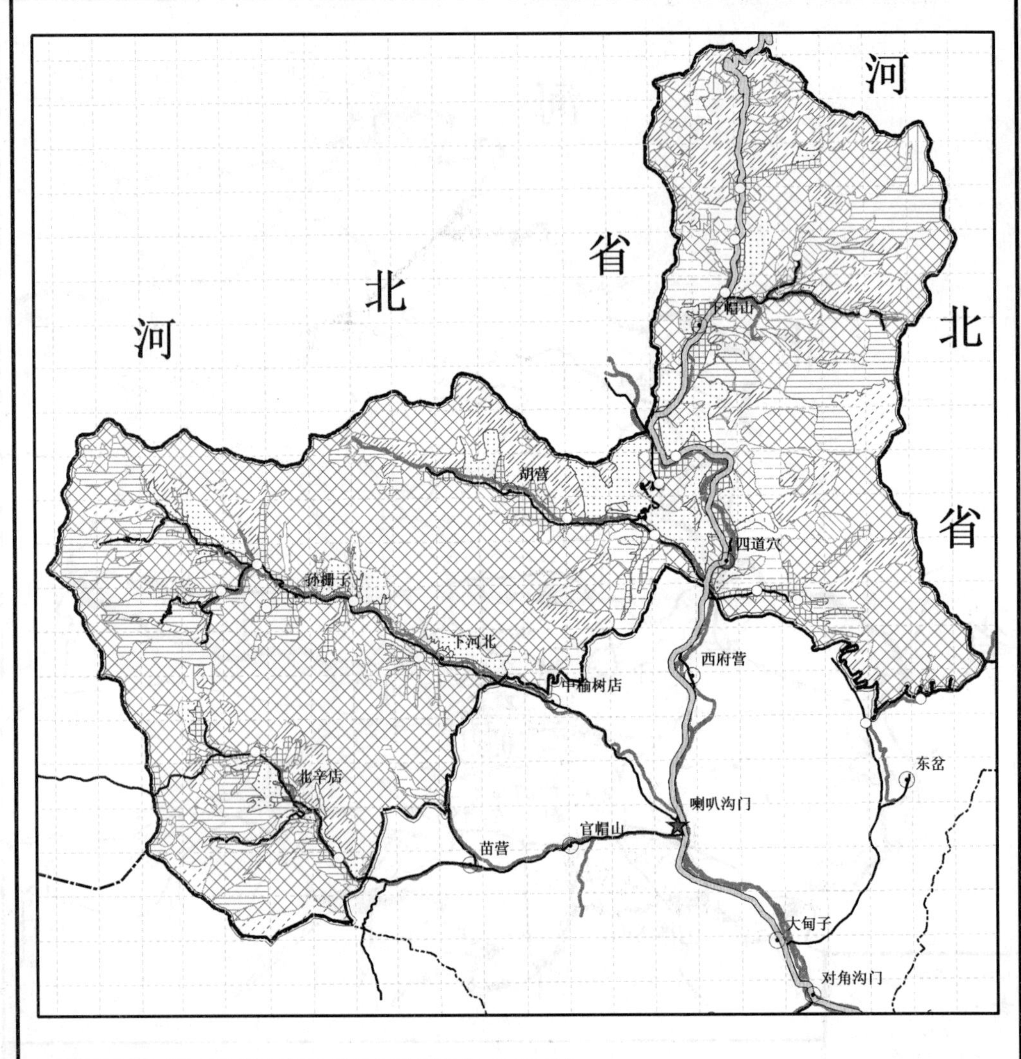

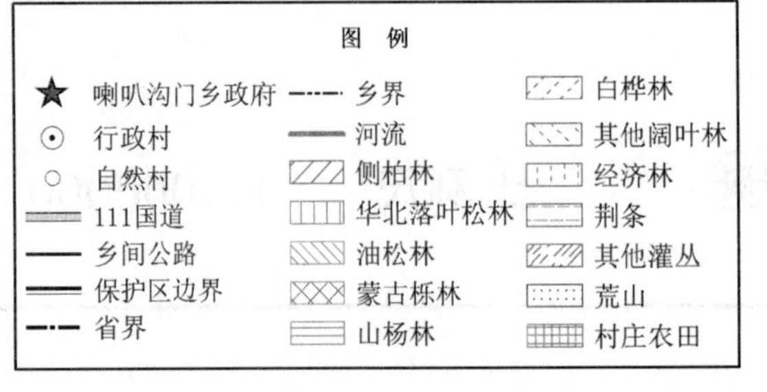

比例尺 1:105000

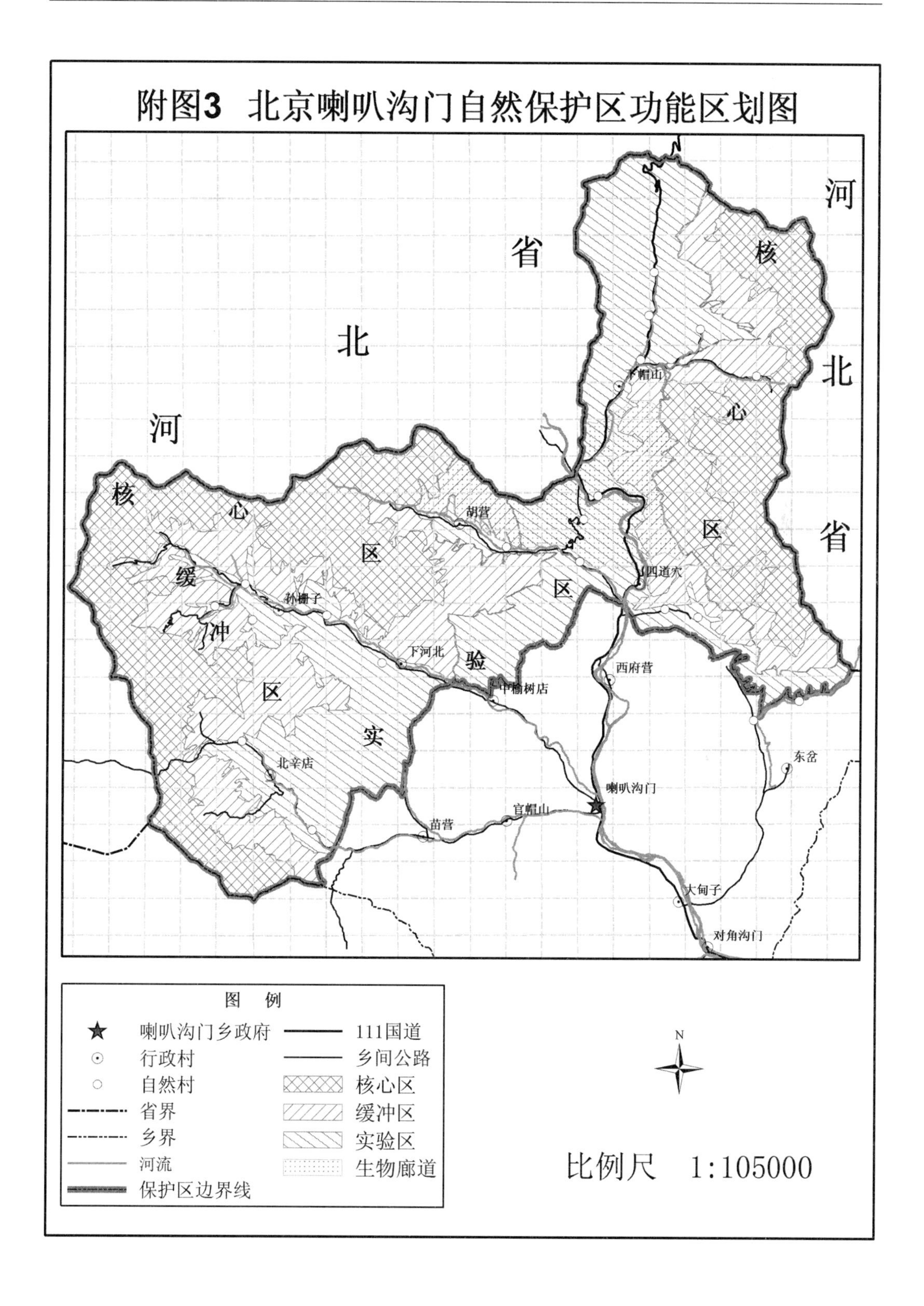
附图3 北京喇叭沟门自然保护区功能区划图
河北省
河北省
核心区
核心区
缓冲区
实验区
下帽山
胡营
四道穴
孙栅子
下河北
西府营
中榆树店
北辛店
东岔
喇叭沟门
苗营
官帽山
大甸子
对角沟门
图例
喇叭沟门乡政府
行政村
自然村
省界
乡界
河流
保护区边界线
111国道
乡间公路
核心区
缓冲区
实验区
生物廊道
N
比例尺 1:105000

地貌景观

地貌景观

植被类型

① 紫椴林
② 油松林
③ 核桃楸林
④ 山杨林

植被类型

① 迎红杜鹃灌丛
② 蒙古栎林
③ 白桦林

① 红旱莲　*Hypericum ascyrnon*
② 山丹　*Lilium pumilum*
③ 刺果茶藨子　*Ribes burejense*
④ 东北茶藨子　*Ribes mandshuricum*
⑤ 东北南星　*Arisaema amurense*

植物资源

① 刺五加 *Acanthopanax senticosus*
② 无梗五加 *Acanthopanax sessiliflorus*
③ 软枣猕猴桃 *Actinidia arguta*
④ 桔梗 *Platycodon grandiflorus*
⑤ 桔梗（白花变型） *Platycodon grandiflorus*

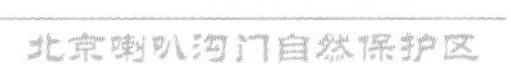

植物资源

① 草芍药 *Paeonia obovata*
② 类叶牡丹 *Caulophyllum robustum*
③ 黄檗 *Phellodendron amurense*
④ 油松 *Pinus tabulaeformis*
⑤ 北重楼 *Paris verticillata*
⑥ 黄芩 *Scutellqria baicalensis*

④

脊椎动物资源

① 中国林蛙 *Rana chensinensis*
② 赤链蛇 *Dinodon rufozonatum*
③ 银喉长尾山雀 *Aegithalos caudatus*
④ 白条锦蛇 *Elaphe dione*
⑤ 虎斑颈槽蛇 *Rhabdophis tigrina*
⑥ 蝮蛇 *Agkistrodon halys*

脊椎动物资源

① 三道眉草鹀 *Emberiza cioides*
② 珠颈斑鸠 *Streptopelia chinensis*
③ 大斑啄木鸟 *Picoides major*
④ 黑鹳 *Ciconia nigra*

脊椎动物资源

① 勺鸡 *Pucrasia macrolopha*
② 豹猫 *Felis bengalensis*
③ 花鼠 *Eutamias sibiricus*

昆虫资源

① 透顶单脉色蟌 *Matrona basilaris*
② 棘角蛇纹春蜓 *Ophiogomphus spinicorne*
③ 赭翅臀花金龟 *Campsiura mirabilis*
④ 黑盾胡蜂 *Vespa bicolor* 的巢
⑤ 条斑赤蜻 *Sympetrum striolatum*

昆虫资源

① 杨叶甲 *Chrysomela populi*
② 斑股锹甲 *Lucanus maculifemoratus*
③ 栗山天牛 *Mallambyx raddei*
④ 中华长毛象 *Enaptorrhinus sinensis*

昆虫资源

① 华北白眼蝶 *Melanargia epimede*
② 蓝灰蝶 *Everes argiades*
③ 细带闪蛱蝶 *Apatura metis*
④ 黄钩蛱蝶 *Polygonia c-aureum*
⑤ 长眉眼尺蛾 *Problepsis changmei*

真菌资源

① 细皱鬼笔 *Phallus rugulosus*

② 红蜡蘑 *Laccaria laccata*

③ 小橙伞 *Cyptatrama aspratum*

④ 紫晶香蜡蘑 *Laccaria amethystea*

⑤ 帽盖光柄菇 *Pluteus petasatus*

真菌资源

① 堆金钱菌 *Collybia acervata*
② 橙盖鹅膏 *Amanita caesarea*
③ 黄丝盖菌 *Inocybe fastigiata*

真菌资源

① 杯珊瑚菌 *Clavicorona pyxidata*
② 黄枝瑚菌 *Ramaria flava*
③ 分枝猴头菌 *Hericium ramosum*
④ 猴头菌 *Hericium erinaceus*